스타일링 캣:
고양이 미용 디자인북

기초적인 미용법에서 품종별 맞춤 노하우까지,
한국에서 최초로 출간되는 고양이 미용 가이드

스타일링 캣:
고양이 미용 디자인북

신서연 지음

나비의 활주로

처음에 드리는 말씀

◆

반려묘와 함께하는 가정이 점점 많아지면서, 고양이 털 관리에 대한 고민을 하시는 보호자님들도 늘어나고 있습니다. 특히 털이 많이 엉키거나 계절에 따라 빠지는 털이 많을 때, 미용이 꼭 필요한 경우가 생기곤 하지요. 하지만 고양이에게 미용은 작은 일상이 아니라, 낯선 도구와 손길, 환경 속에서 받는 적지 않은 스트레스가 될 수 있습니다.

저는 오랜 시간 동안 "어떻게 하면 우리 고양이들이 조금이라도 편안하게, 그리고 안전하게 미용을 받을 수 있을까?"를 고민해왔습니다. 누군가에게 배운 방식이 아니라, 여러 해 동안 직접 시행착오를 거쳐 고양이들의 반응을 관찰하고, 다듬어 온 저만의 방법입니다.

물론 이 책에 담긴 내용이 '정답'은 아닙니다. 미용사 선생님마다 고양이마다 맞는 방법은 모두 다를 수 있습니다. 고양이의 성격, 건강 상태, 생활환경에 따라 필요한 접근법도 제각각 다르기 때문입니다. 그렇지만 보호자님들께서 이 책을 통해 조금이나마 가정에서의 관리에 작은 도움을 얻고, 다른 미용사 선생님들께는 새로운 시도를 해볼 수 있는 계기가 된다면 그것만으로도 큰 보람이 될 것 같습니다.

이 책이 여러분과 반려묘의 일상에 조금이라도 도움과 편안함을 줄 수 있기를 바랍니다.

반려묘 가정의 행복을 바라는
신서연 드림

CONTENTS

PART 1
고양이 미용의 모든 것

PART 2
품종별 미용 방법 - 먼치킨

PART 6
미용 전후 사진 - 장모

PART 7
미용 전후 사진 - 단모

PART 8
미용 전후 사진 - 먼치킨

NOTICE

---------- ✦ ----------

책을 열기 전에 꼭 알아두세요.

이 페이지는 고양이 미용을 시작하기 전에 꼭 읽으면 도움이 되는 안내문입니다. 놓치지 않고 확인해주세요!

- 여러 고양이로 과정을 구성했습니다. 한 마리 고양이만으로는 모든 미용 과정을 보여주기 어렵습니다. 그래서 다양한 고양이를 모델로 삼아 과정을 담았으며, 일부 과정은 중복되거나 간략히 생략될 수 있습니다.

- 2인 미용법을 기본으로 설명합니다. 이 책에서 소개하는 미용법은 미용사와 어시스턴트가 함께하는 2인 방식을 기준으로 작성되었습니다. 고양이의 안전과 스트레스 최소화를 위해서 꼭 두 사람이 협력하여 미용하는 것을 권장합니다.

- 예민한 고양이를 기준으로 풀었습니다. 고양이는 낯선 환경과 도구에 민감합니다. 따라서 이 책의 설명은 예민한 고양이를 기준으로 서술된 부분이 있습니다. 미용사의 안전을 위해서입니다. 실제 미용 시 참고하셔도 많은 도움이 될 것입니다.

`TIP`
이 안내를 꼭 확인하고 책을 읽으시면 고양이와 보호자 모두가 편안해지는 미용의 세계로 함께 갈 수 있어요.

PART 1

고양이 미용의 모든 것

고양이 미용의 필요성

고양이 미용이란, 고양이의 털과 위생 관리 등 전체적인 관리를 칭합니다.

- **위생 미용** 발톱 관리, 발바닥 관리, 항문 관리, 눈과 귀 관리
- **전체 미용** 빗질하기, 목욕하기, 털 밀기, 가위컷

발톱 자르기

　발톱을 자르지 않을 경우 발바닥 젤리(육구)에 발톱이 파고 들어갈 수 있습니다.

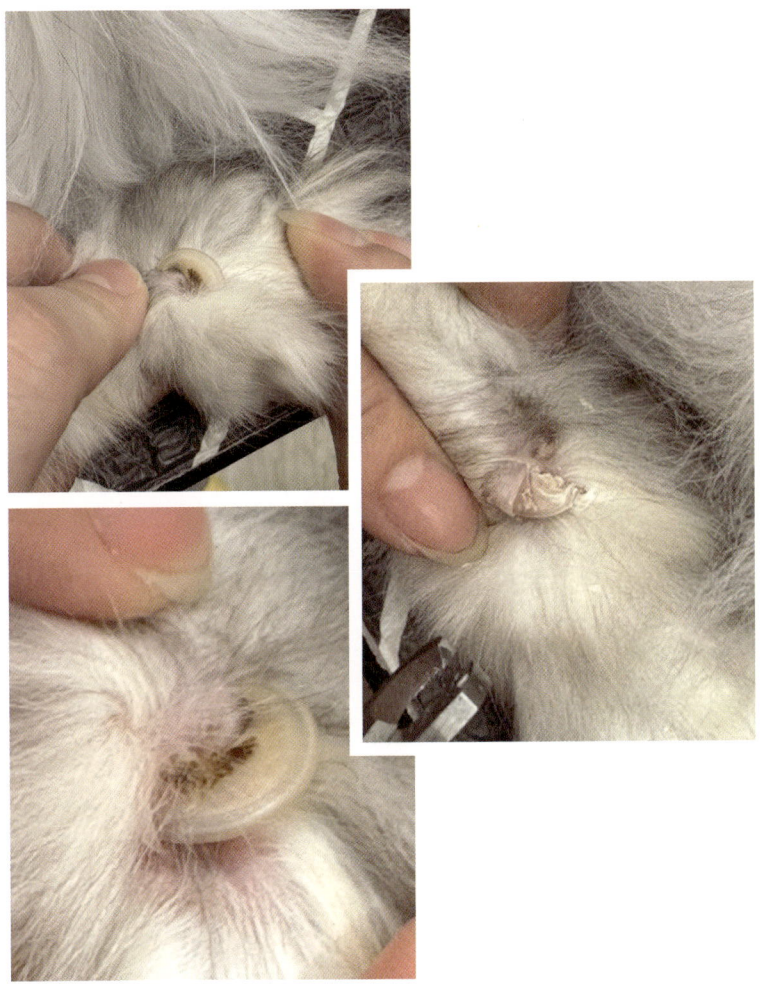

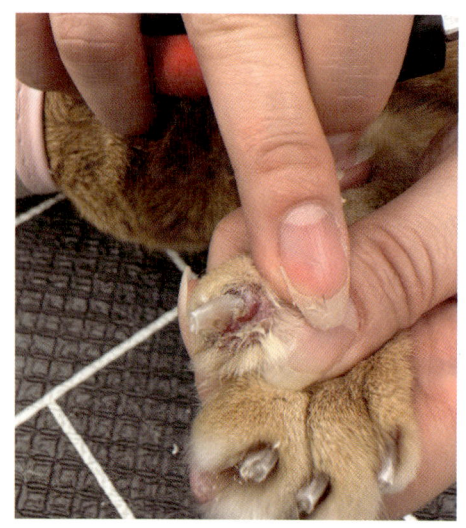

보호자가 알지 못했던 발톱 질병

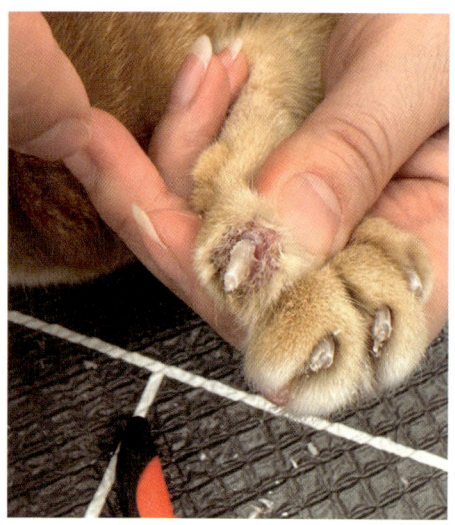

발톱 질병이 타 부위까지 전염되어 위험한 상태

발바닥 관리

특히 장모종의 경우 발바닥 털이 길면 미끄러지고 관절에 무리가 갈 수 있습니다.

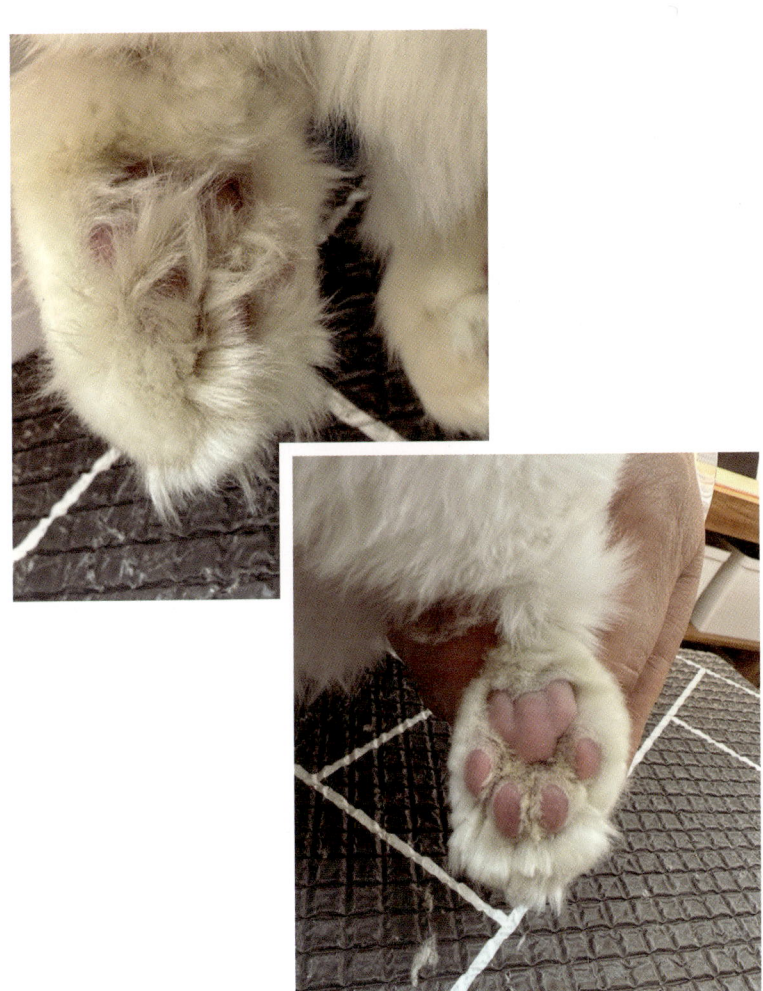

브러싱

헤어볼을 자주 하게 되거나 털이 엉킬 경우 피부병이 발생하기 쉽습니다. 따라서 죽은 털을 제거하고 엉킴 방지를 위해 빗질을 해주어야 합니다.

고양이 미용이 꼭 필요한 경우

(1) 반려 가족의 알레르기

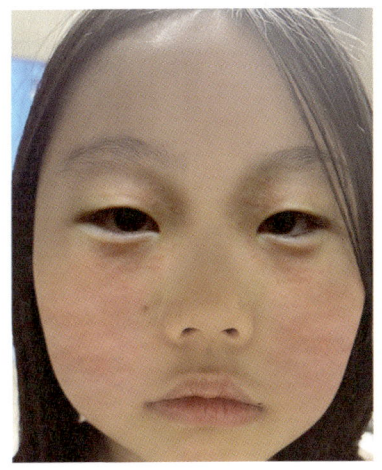 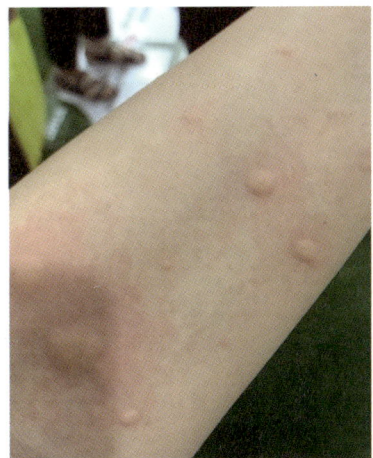

(2) 고양이의 헤어볼

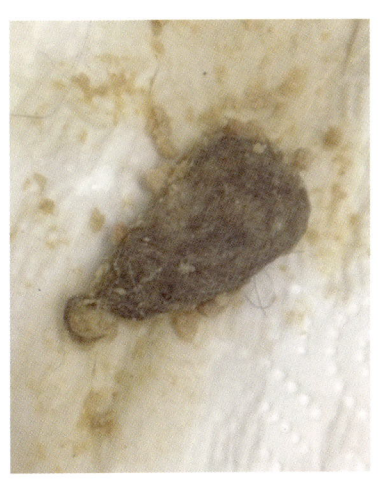 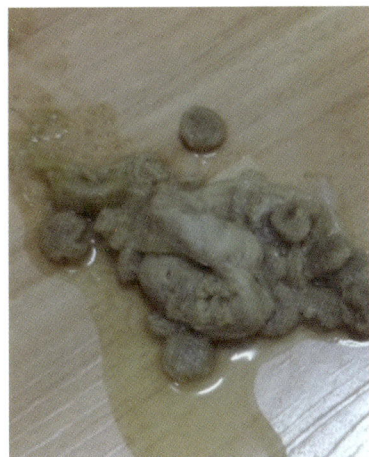

(3) 고양이 피부병

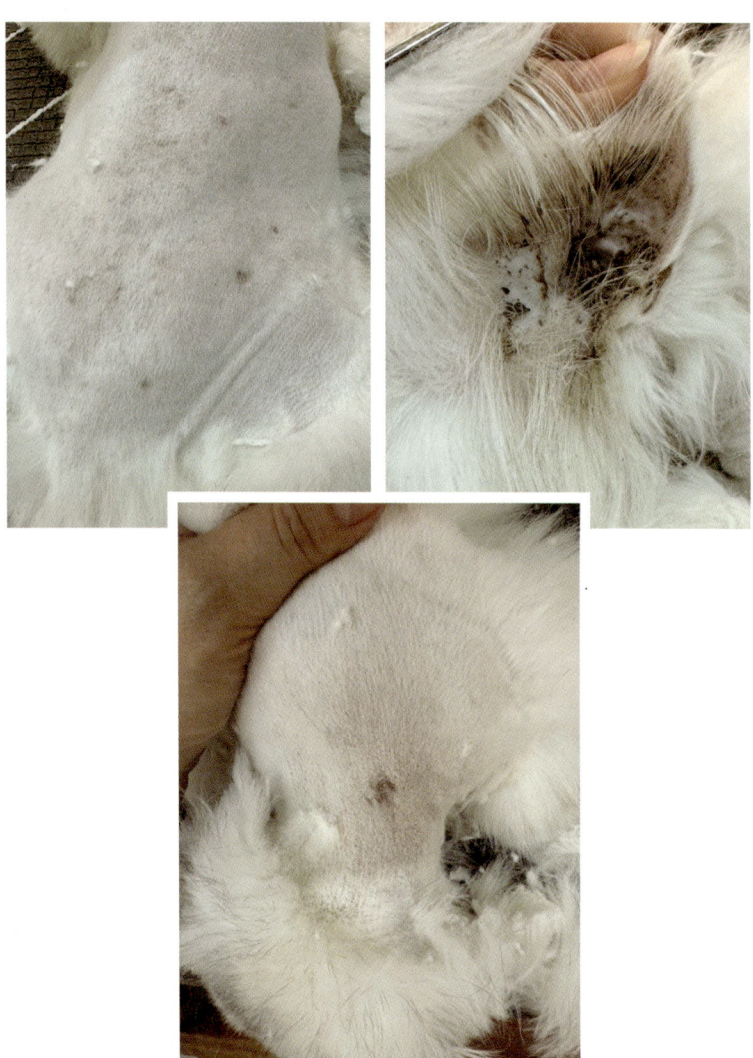

(4) 털 엉킴

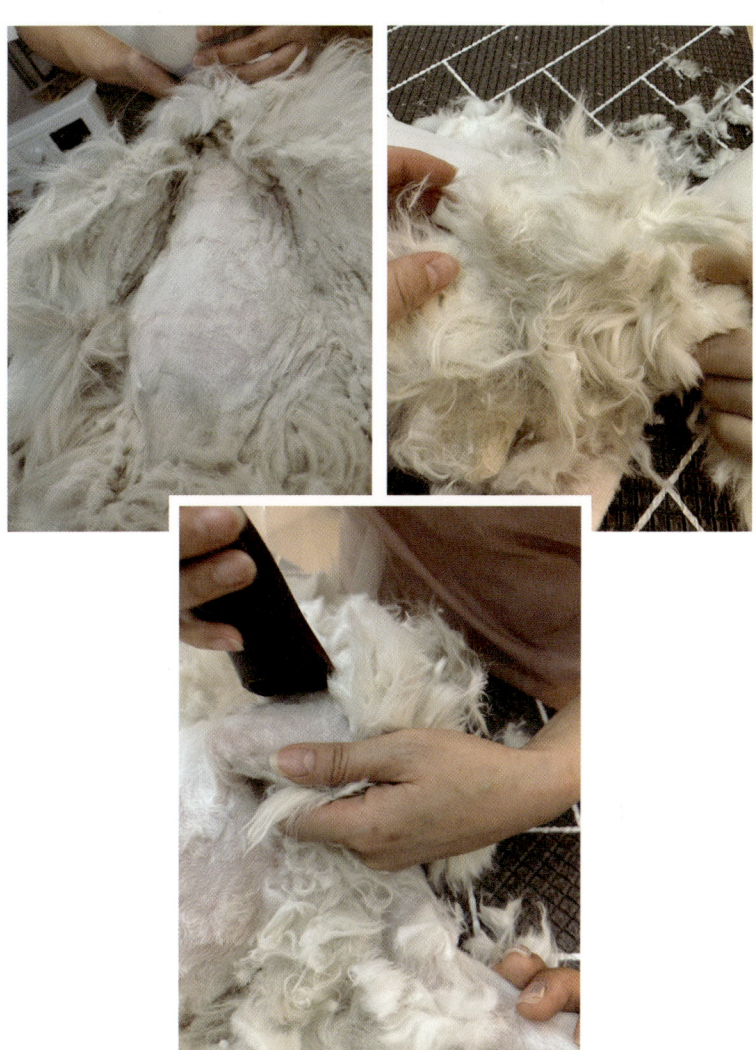

(5) 털 오염

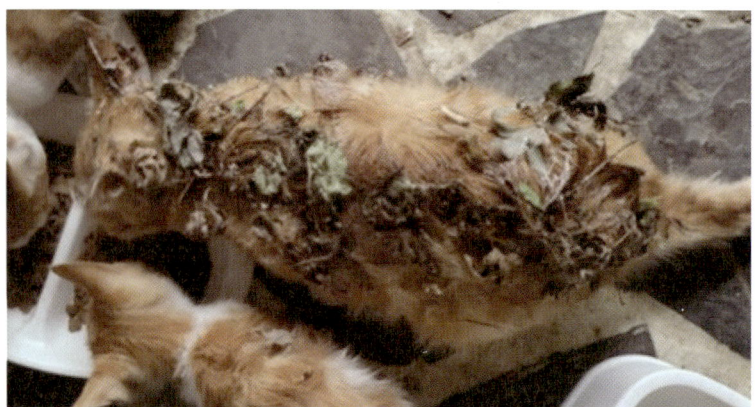

미용 전

미용 후

고양이 무마취 미용의 장점

고양이 무마취 미용은 고양이에게 마취를 하지 않고 미용을 하는 방법입니다. 마취를 하지 않기 때문에 고양이가 받는 스트레스가 적고 마취로 인한 부작용의 위험이 낮다는 장점이 있습니다.

특히 마취는 고양이에게 큰 스트레스를 유발할 수 있습니다. 마취 중 고양이는 호흡 곤란, 구토, 설사, 떨림 등의 부작용을 경험할 수 있으며 심한 경우 사망에 이를 수도 있습니다. 무마취 미용을 하면 이러한 스트레스와 부작용을 줄일 수 있습니다.

고양이 미용에 사용되는 도구

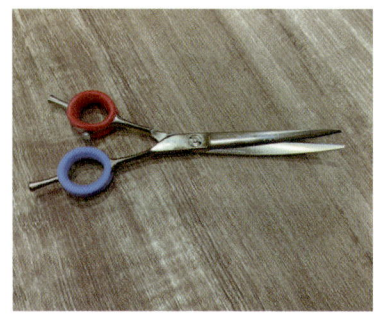

커브 가위

민 가위

대형 클리퍼

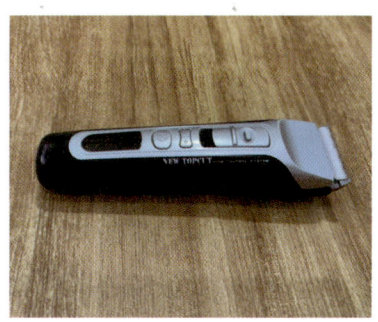

중간 클리퍼

미니 클리퍼

발톱깎이

23

고양이의 골격도

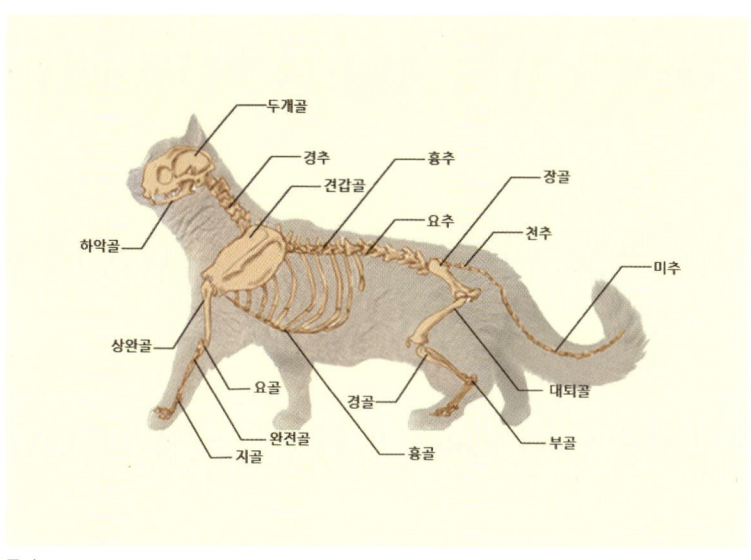

골격도

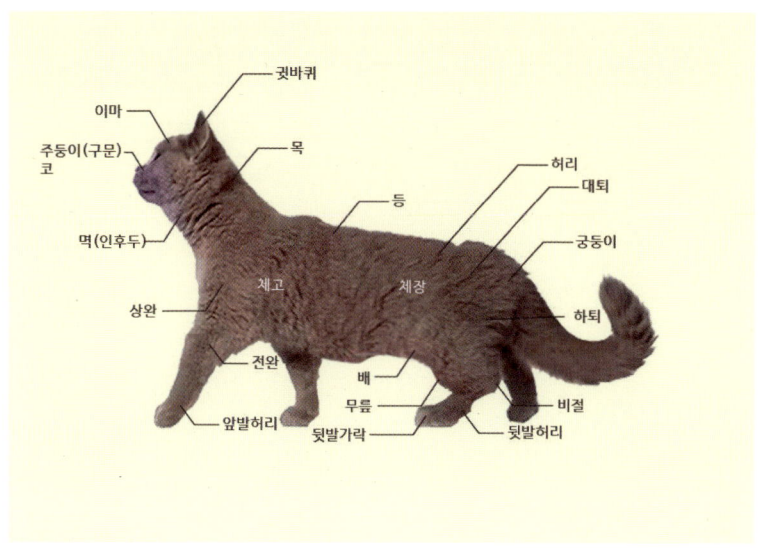

부위별 명칭

고양이 부분 미용

• **고양이 부분 미용** 발톱 자르기, 발바닥 털 밀기, 항문 주위 털 정리하기

발톱 자르기

1 | 발톱이 잘 나오도록 검지손가락을 젤리 부분에 대고 엄지손가락으로 발가락 관절을 누르면서 위로 살짝 당겨주면 발톱이 쉽게 나옵니다.

2 | 발톱이 나오면 반투명으로 보이는 흰색 부분만 잘라줍니다.

 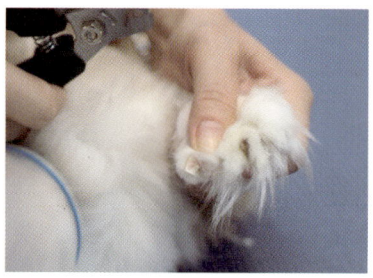

3 | 핑크색 부분은 혈관이므로 잘리지 않 도록 조심해야 합니다.

4 | 발톱이 잘린 모습입니다.

발바닥 털 밀기

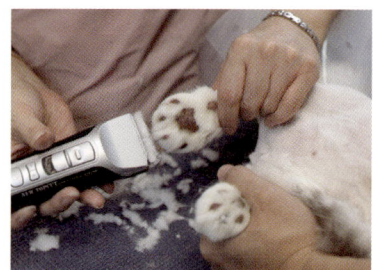 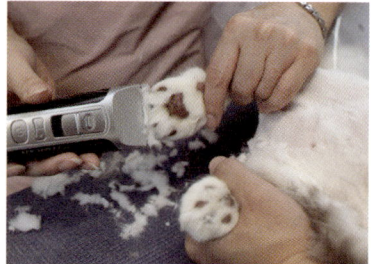

1 | 발바닥 털을 발톱 부분부터 뒤쪽으로 천천히 밀어줍니다.

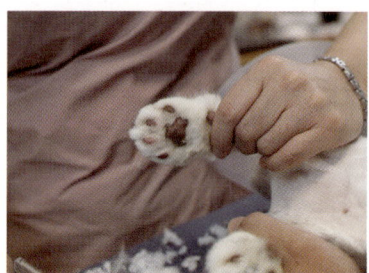

2 | 발바닥 털이 제거된 모습

항문 주위 털 정리하기

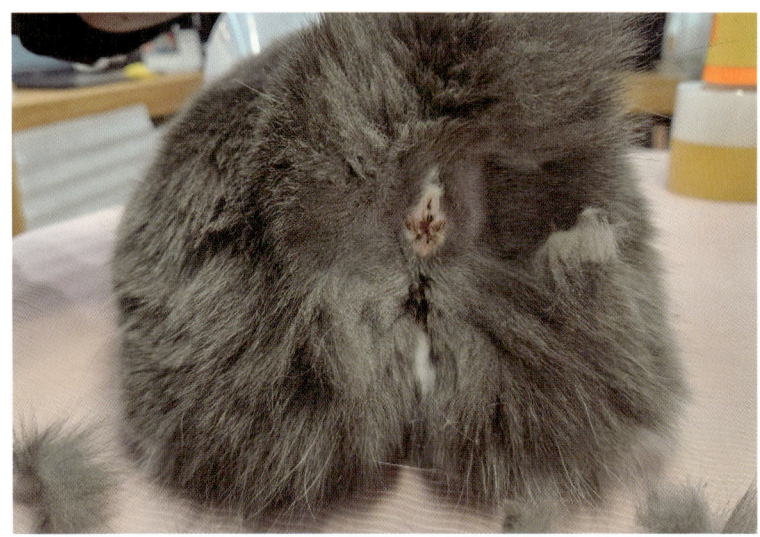

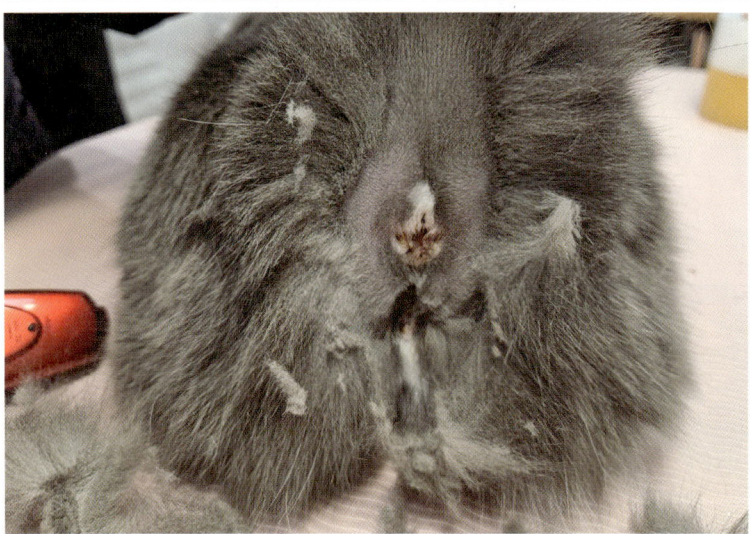

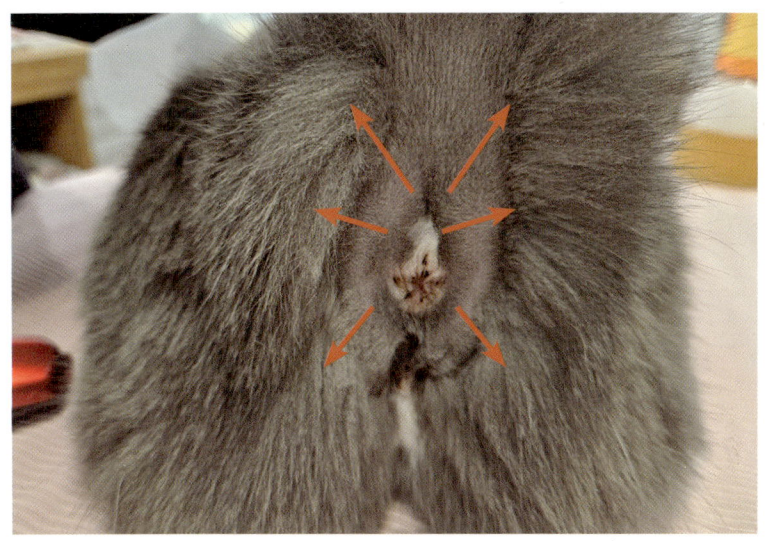

항문 위, 아래, 양옆을 항문 쪽에서 바깥쪽으로 살살 밀어줍니다.

PART 2

품종별 미용 방법
먼치킨

반려묘의 미용 전 모습

고양이의 미용 전 준비 과정

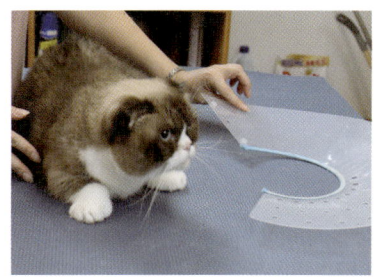

1 | 고양이 곁에 넥카라를 준비합니다.

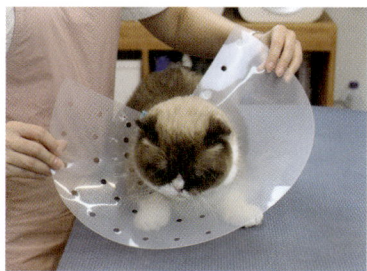

2 | 넥카라의 단추 쪽을 얼굴의 위로 향하도록 한 후 목에 감싸줍니다.

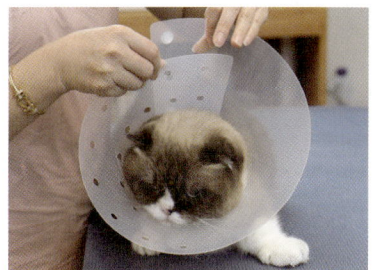
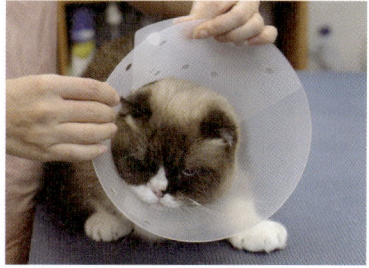

3 | 넥카라를 고양이의 머리 뒤쪽에서 목 사이즈에 맞춰 조절합니다.
※ 이때 미용사의 손은 고양이의 얼굴 앞쪽에 위치하지 않도록 합니다. (고양이가 사나울 경우 손을 물릴 위험이 있습니다.)

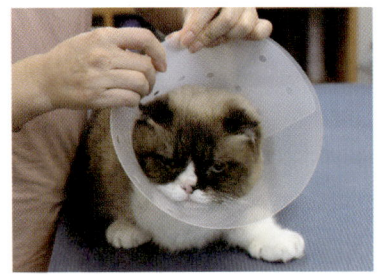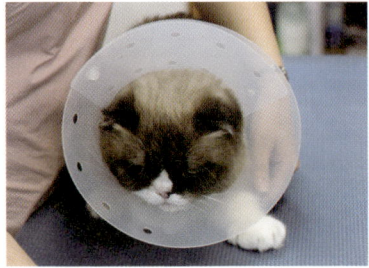

4 | 고양이의 얼굴이 빠지지 않도록 넥카라 사이즈를 조절한 후 단추를 채워줍니다.

고양이의 발톱 깎기

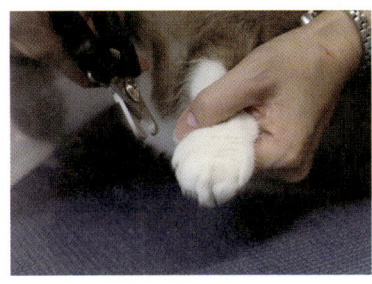 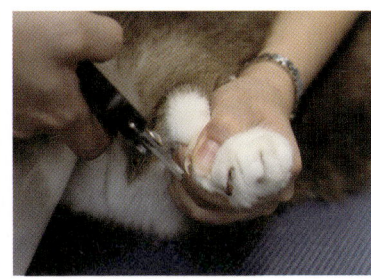

1 | 며느리발톱(엄지)을 먼저 잘라줍니다.

2 | 며느리발톱이 잘 보이도록 발가락을 눌러줍니다.

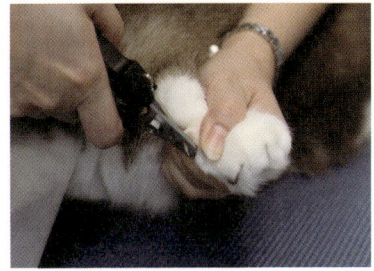 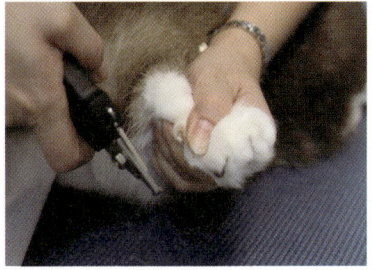

3 | 이때 발톱의 투명한 부분만 잘라주어야 하며, 핑크색 혈관이 잘리지 않도록 주의해야 합니다. 발톱 깎기는 되도록 위에서 아래 방향으로 향하도록 합니다.

고양이의 등 털 밀기

대형 클리퍼와 10번 날을 이용하였습니다.

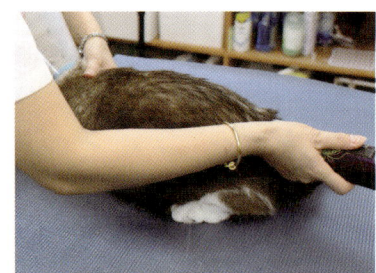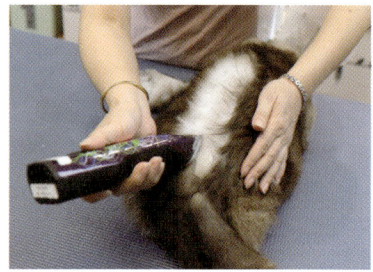

1 | 고양이의 등 털은 꼬리 윗부분부터 머리 방향(역방향)으로 밀어줍니다.

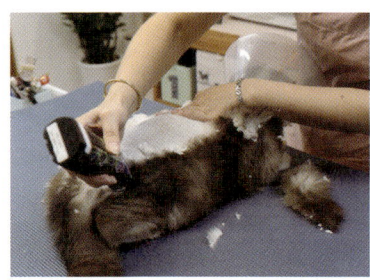

2 | 미용사의 눈에 보이는 최대 부분(옆부분 포함)까지 클리퍼를 이용해 밀어줍니다.

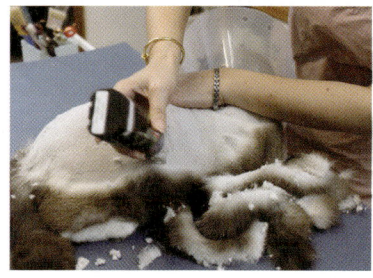 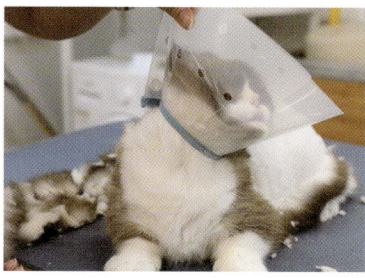

3 | 목의 둘레 부분도 넥카라가 있는 상태에서 밀어줍니다.

4 | 고양이 얼굴에서 오른쪽 방향의 넥카라를 잡아 왼쪽으로 고개를 살짝 돌려줍니다.

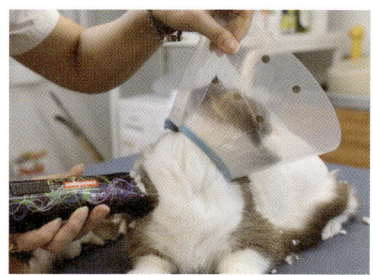 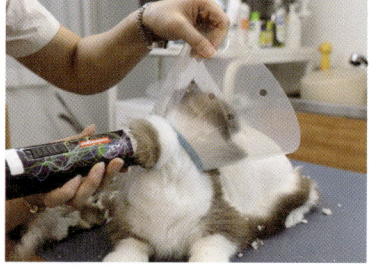

5 | 고양이의 목둘레를 오른쪽부터 왼쪽 방향으로 가슴(흉골) 위를 밀어줍니다.

6 | 왼쪽 목둘레의 털을 밀 때는 고개를 오른쪽 방향으로 돌려 클리핑합니다.

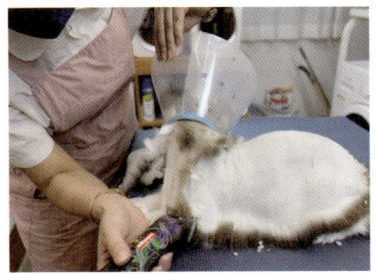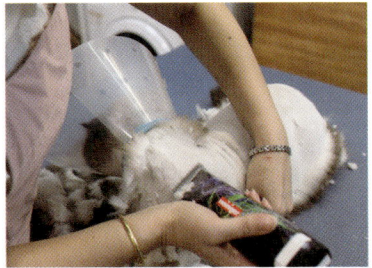

7 | 최대한 넥카라로 감싸진 부위까지 목 주위의 털을 밀어줍니다.

8 | 넥카라를 벗기기 전의 미용한 모습입니다.

고양이의 얼굴 라인 미용하기

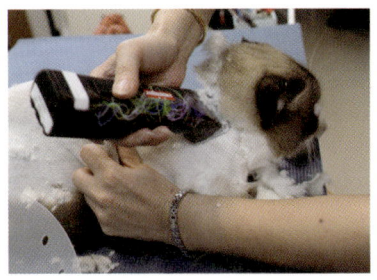 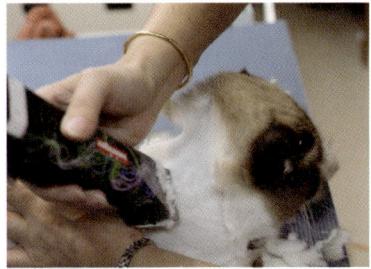

1 │ 넥카라를 벗기고 난 후 뒤 목덜미 부분부터 귀 뒤쪽 라인까지 밀어줍니다. 이때 등 피부를 꼬리 방향으로 살짝 당기면서 클리핑을 해줍니다

 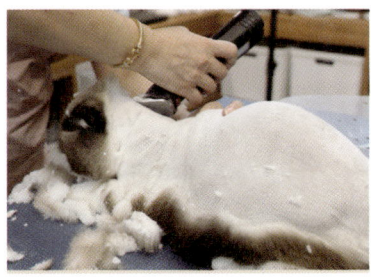

2 │ 왼쪽 귀 뒤쪽을 기준으로 오른쪽 귀 뒤쪽까지 일자 모양이 되도록 밀어줍니다.

 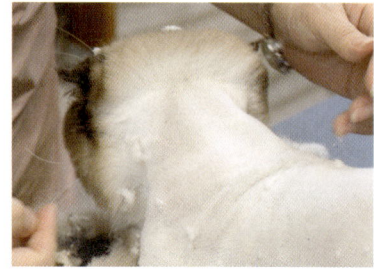

3 │ 고양이 뒤통수 라인이 완성된 모습입니다.

얼굴 라인 클리핑하기

4 │ 다음은 고양이의 목 부위를 밀어야 하는데, 왼손 엄지손가락은 턱을, 중지와 약지는 정수리를 잡습니다.

5 │ 얼굴을 위로 들어 올리면 목을 쉽게 볼 수 있습니다.

6 | 고양이의 얼굴을 들어 올린 상태에서 목 부위에 있는 털을 클리핑합니다. 이어서 고양이 얼굴 왼쪽을 턱-입꼬리 옆- 귀 뒤쪽(뒤통수 라인 만든 곳)까지 클리핑합니다.

7 | 고양이 얼굴 오른쪽을 귀 뒤 라인부터 입꼬리 옆 턱까지 연결시켜 클리핑합니다.

8 | 오른쪽은 귀 라인부터 턱까지 연결시켜서 밀어줍니다.

9 │ 목 부위를 다 밀었으면 왼손으로 고양이의 양쪽 귀 바로 아랫 부분을 잡고 얼굴을 올려줍니다.

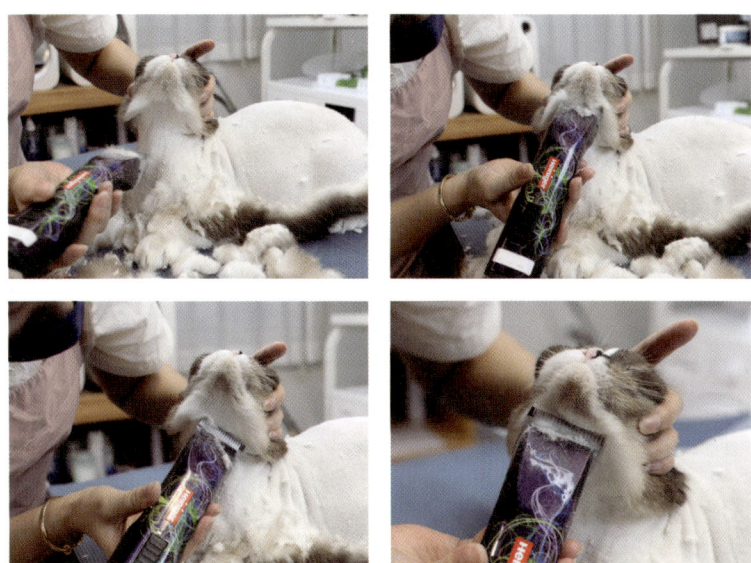

10 │ 고양이의 목에서 입 부위의 방향으로 털을 밀어줍니다. 턱드름(턱에 난 피지)이 심할 경우 관리를 위해서 턱 전체를 깔끔하게 클리핑해도 좋습니다.

얼굴 가위로 다듬기

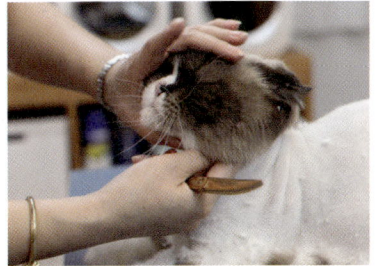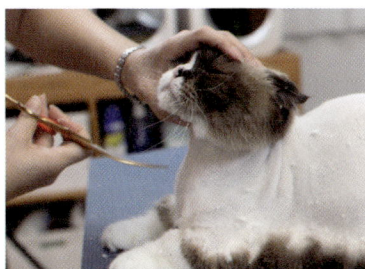

1 | 왼손 중지와 약지로 보정을 해주고 고양이 얼굴을 살짝 들어줍니다.

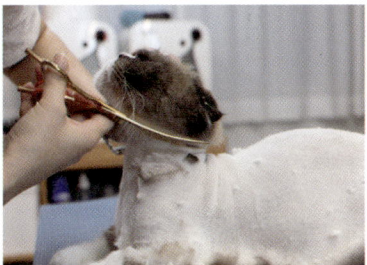

2 | 얼굴 옆 털을 가위로 턱부터 왼쪽 귀 뒤쪽까지 연결시켜 잘라줍니다.

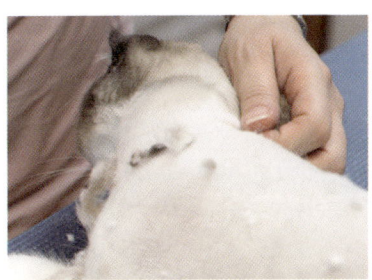

3 | 귀 뒤쪽까지 자른 모습입니다.

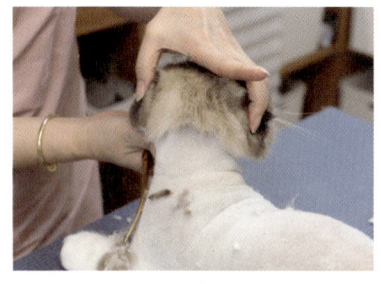 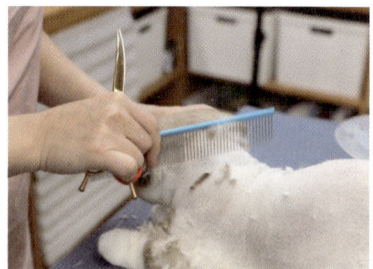

4 │ 뒤통수 털을 콤(빗)으로 잘 빗어주고

5 │
왼쪽 방향에서 오른쪽 방향으로
잘라줍니다.(오른손잡이 가위를
사용하는 경우)

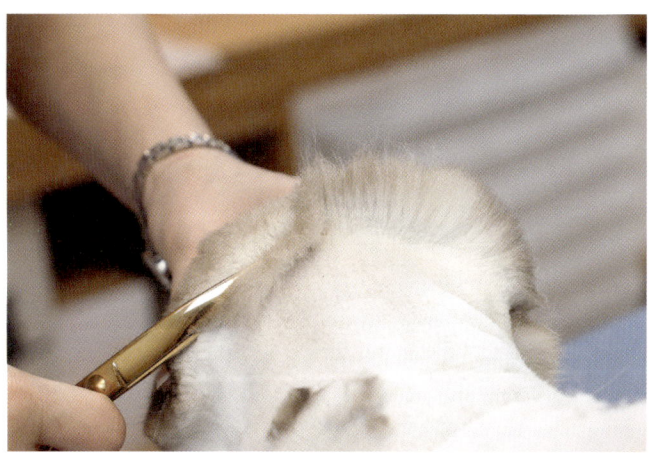

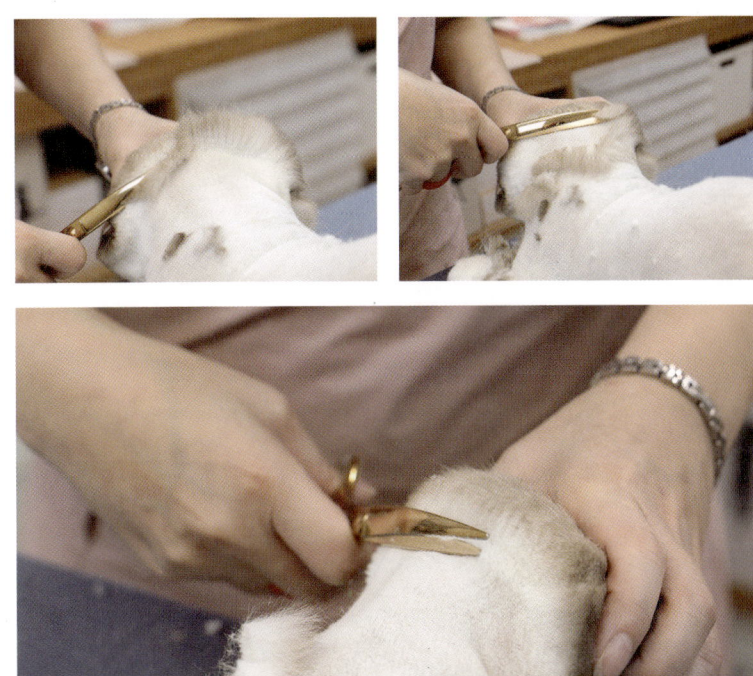

6 | 뒤통수는 클리퍼로 털을 민 부위에 가위를 바짝 붙여서 잘라줍니다.

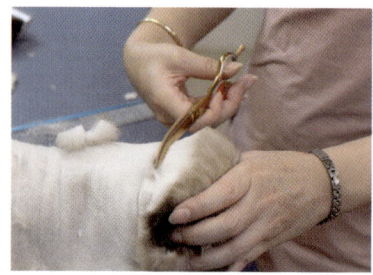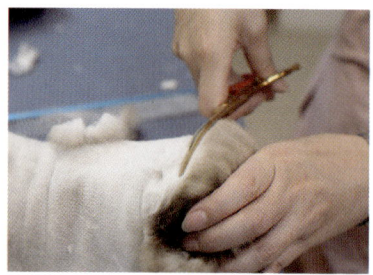

7 | 가위의 각이 하늘 쪽으로 90도가 아닙니다. ⇧ X

8 | 가위의 각을 앞쪽으로 45도 정도 기울여서 잘라줍니다.

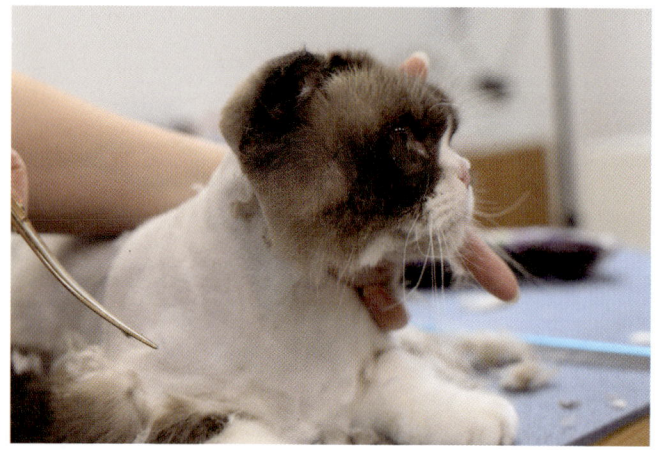

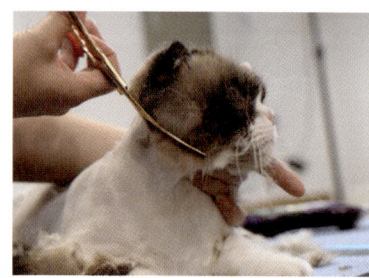

9 |

왼쪽처럼 오른쪽 볼 털도 귀 뒤부터 턱 라인까지 연결시켜 잘라줍니다.

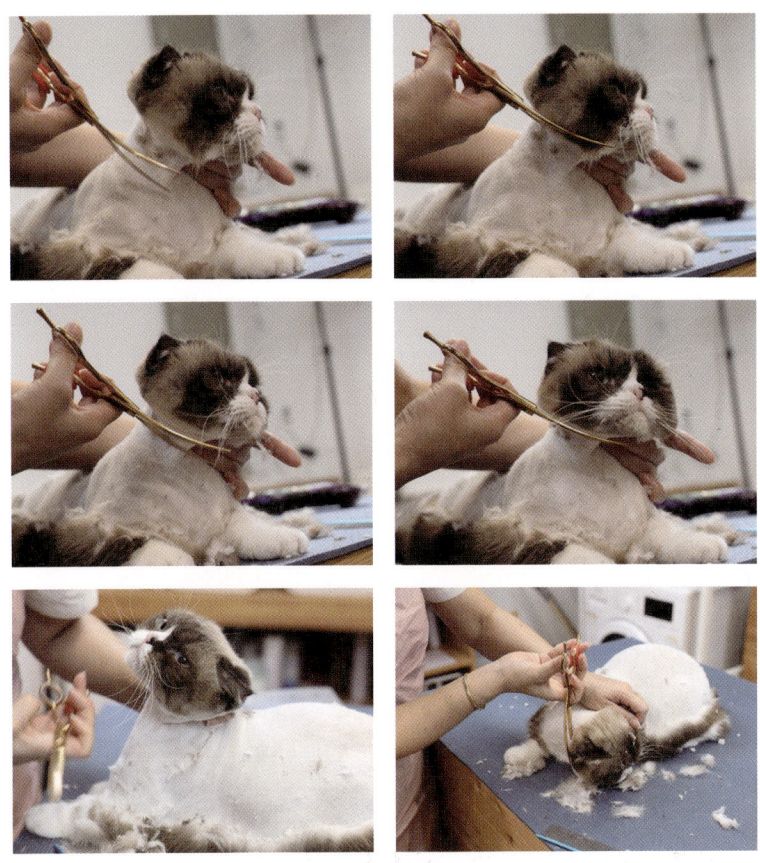

10 | 전제적으로 삐죽삐죽 나온 털이 있는지 확인 후 둥글고 말끔하게 제거해 줍니다.

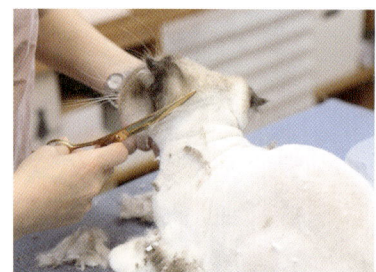

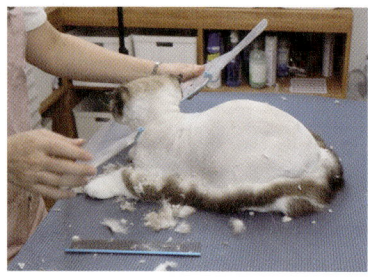

11 | 얼굴 완성 후 다시 넥카라를 씌워줍니다.

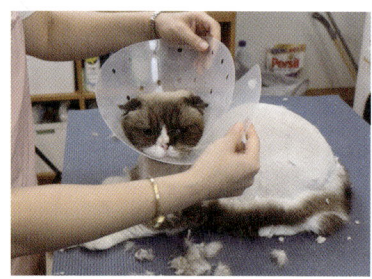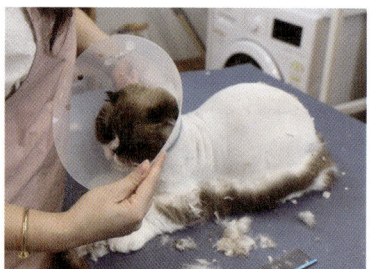

왼쪽 옆구리 미용 보정법

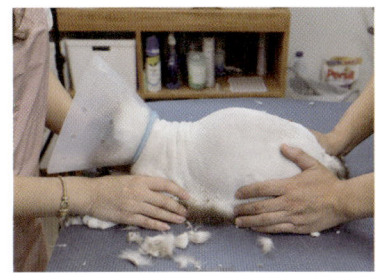

1 | 미용사가 앞다리 양쪽 견갑을 잡고 보정사가 뒷다리 허벅지를 살포시 모으듯이 잡아줍니다.

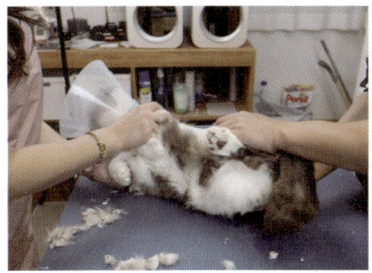
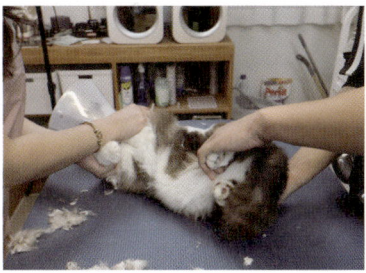

2 | 고양이 등이 미용사 기준 왼쪽을 향하도록 옆으로 눕힙니다.

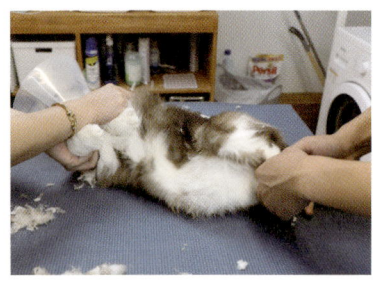

3 | 보정사가 오른손으로 뒷다리를 잡아줍니다. 보정사 검지를 다리 사이로 끼우고 비절이 손바닥 가운데에 쏙 들어가도록 잡으면 살짝 잡아도 고양이도 사람도 불편함이 없습니다.

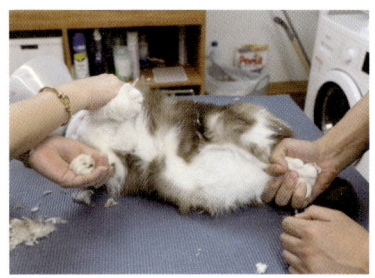

4 | 고양이 오른쪽 앞다리를 보정사의 왼손으로 잡아줍니다. 먼치킨일 경우는 보정사의 손등이 바닥을 향하도록 잡아줍니다.

왼쪽 옆구리 밀기

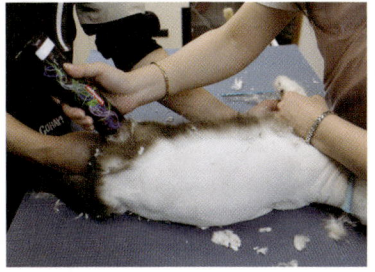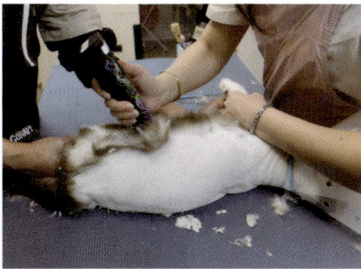

5 | 허벅지 부분부터 겨드랑이 방향으로 클리핑합니다.

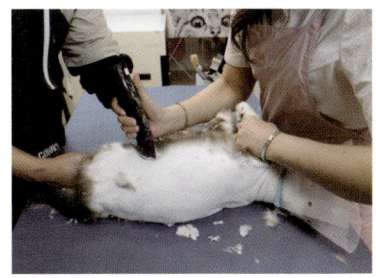

6 | 옆구리에서 배꼽 위쪽 가슴 부위까지 클리핑합니다.

겨드랑이

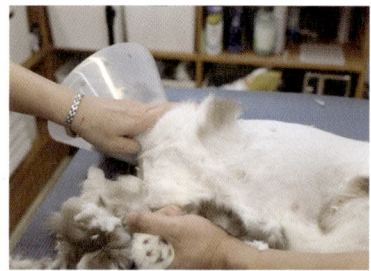
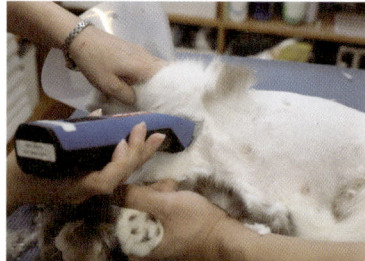

1 | 왼쪽 앞다리를 최대한 접은 상태로 견갑 부분도 몸 쪽으로 밀착시킵니다.

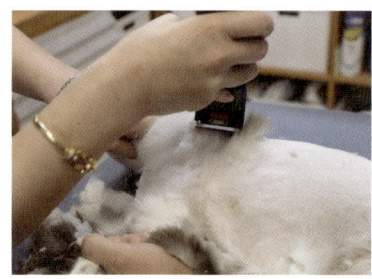
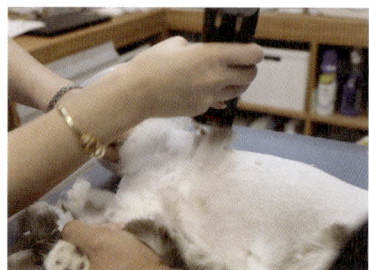

2 | 가슴에서 등 방향으로 밀어줍니다.

3 | 그 상태로 최대한 밀 수 있는 만큼 밀어줍니다.

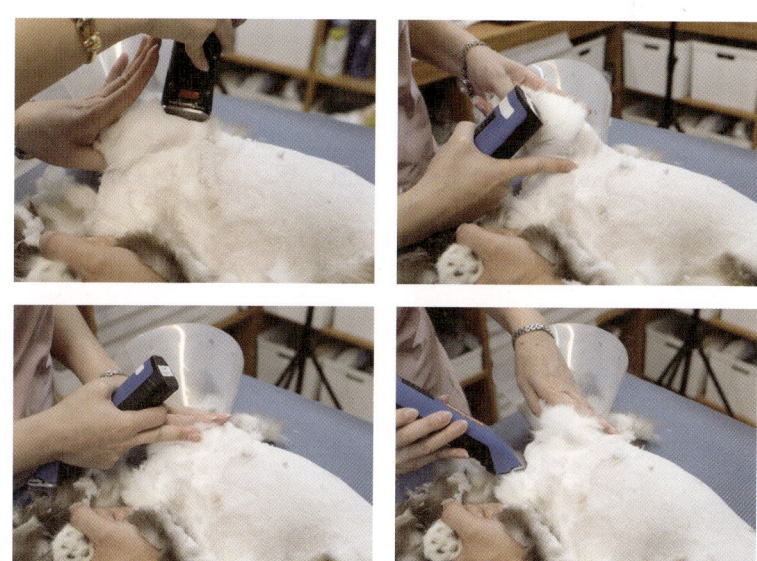

4 | 흉골 부분까지 클리핑합니다.

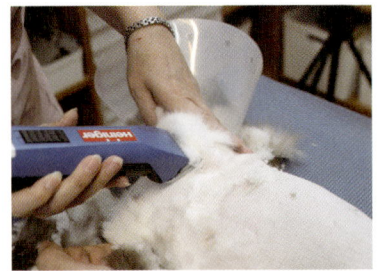 

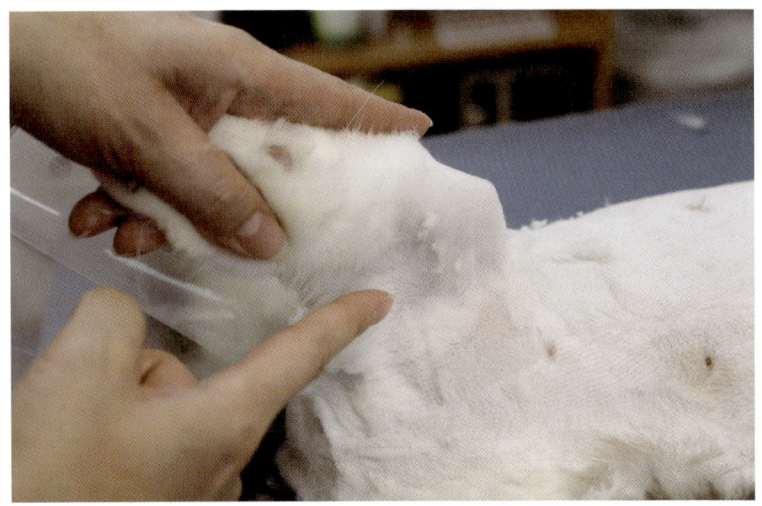

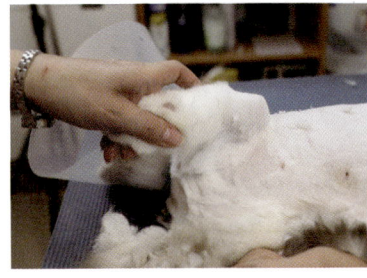

5 | 겨드랑이 부분을 살짝 폈을 때 상태입니다. (털 밀린 상태 참고)

부츠 만들기

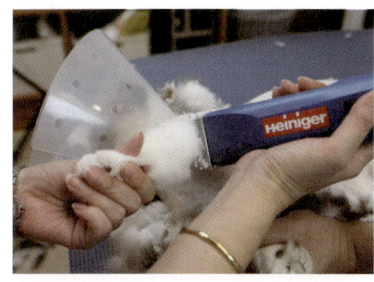
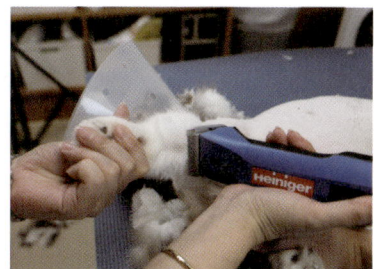
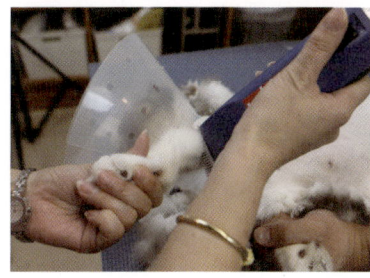

1 │ 발 부분을 잡고 앞으로 나란히 하듯이 앞다리를 살짝 당겨서 조금씩 펴줍니다. 패드 윗부분 다리 쪽 털부터 부츠 라인 부분까지 클리핑합니다. (정교하지 않아도 됩니다.)

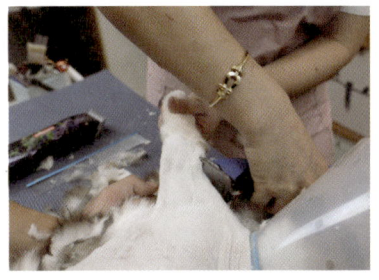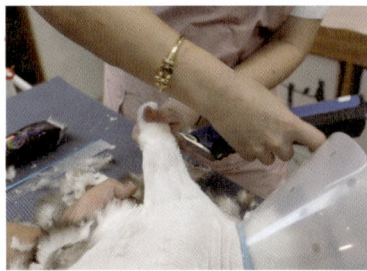

2 | 부츠 라인 윗부분의 털을 전체적으로 제거합니다.

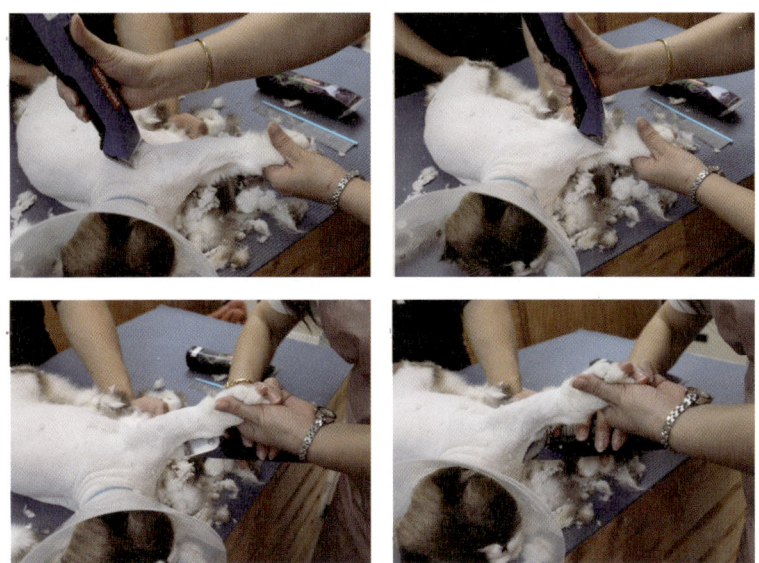

3 | 흉골 부분에 남은 털이 있으면 제거해 줍니다.

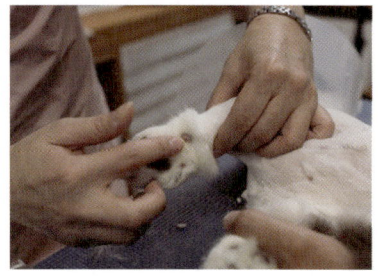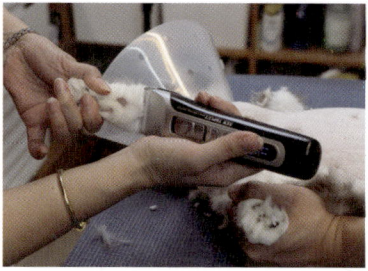

4 │ 중간 클리퍼로 수근구까지 부츠 라인의 기준점을 만들어 줍니다.

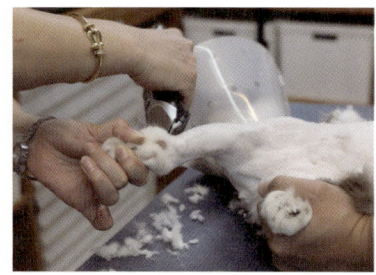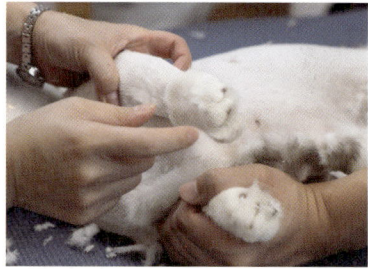

5 │ 기준점까지 다리 전체적으로 클리핑을 합니다. 먼치킨인 경우 발등 쪽 털의 부츠 길이가 길게 남는 경우가 있습니다.

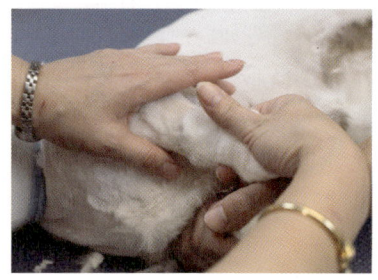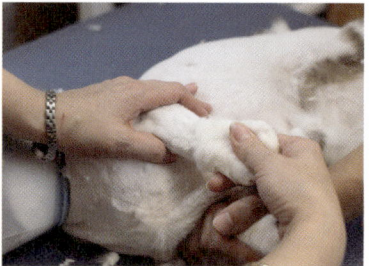

6 │ 이럴 경우 견갑 부분을 잡고 다리 피부를 살짝 당겨 올려줍니다.

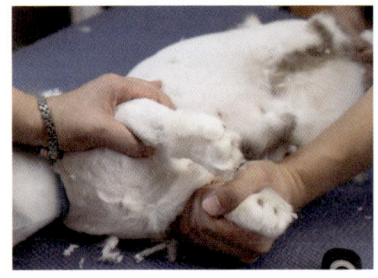 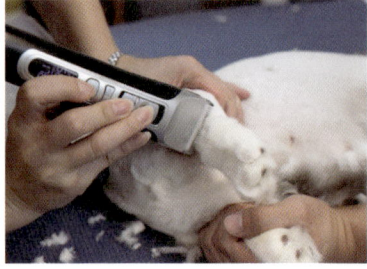

7 │ 그 상태로 부츠 라인을 한 번 더 정리하면 먼치킨의 귀여운 부츠를 쉽게 만들 수 있습니다.

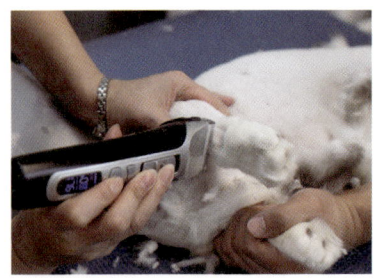

8 │ 부츠 완성

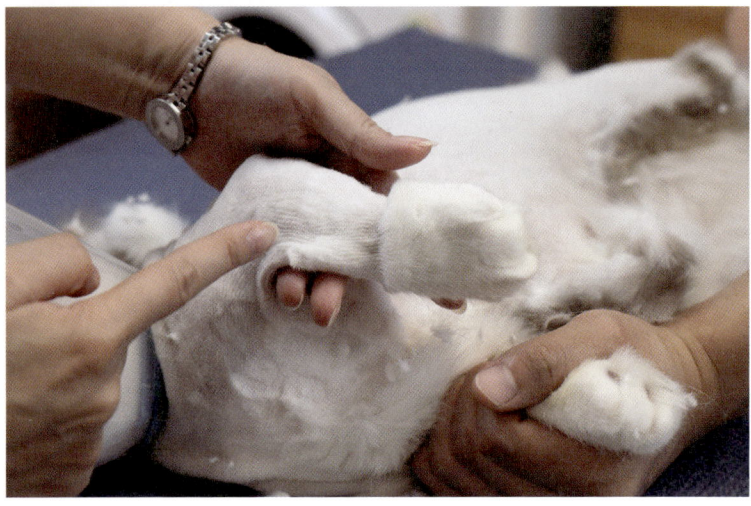

발바닥 밀기

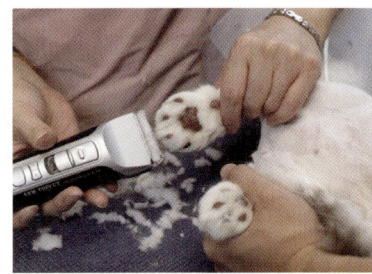 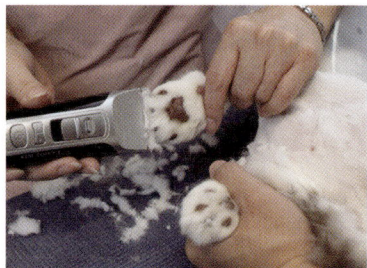

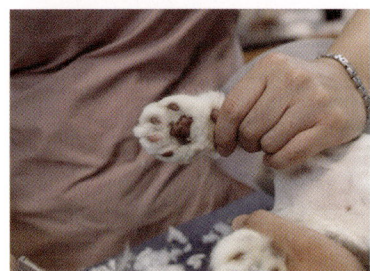

1 │ 왼발 부츠를 만든 다음 발바닥 털을 제거해줍니다. 발바닥이 미용사 방향이 아닌 보정
사 방향을 향하고 있는데, 이때 미용사가 다리를 돌리면 안 됩니다. 미용사가 그 상태
로 허리를 숙이고 얼굴을 발바닥 쪽으로 머리를 움직여서 미용을 합니다.

오른쪽 옆구리

오른쪽 미용을 위해 방향 변경과 보정법

미용사는 앞다리 양쪽 견갑을 잡고 보정사는 뒷다리를 잡고 있던 오른손을 빼고 왼손을 사용해서 같은 방법으로 보정을 합니다. 등이나 목을 들지 않고 반대 방향으로 돌려 줍니다.

오른쪽 옆구리

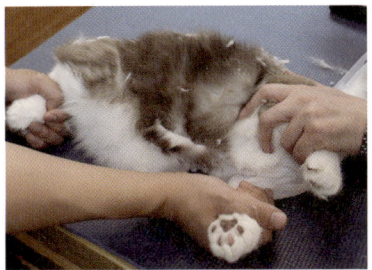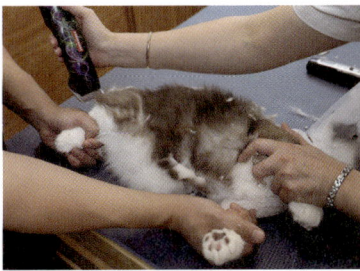

1 | 왼쪽과 같은 방법으로 옆구리 가슴을 클리핑합니다.

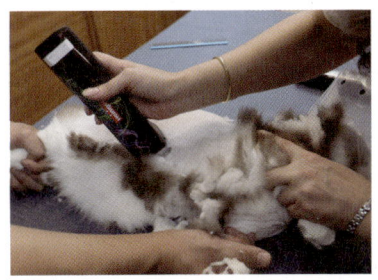

2 | 흉골부터 배꼽 쪽까지 밀린 상태입니다.

오른쪽 겨드랑이

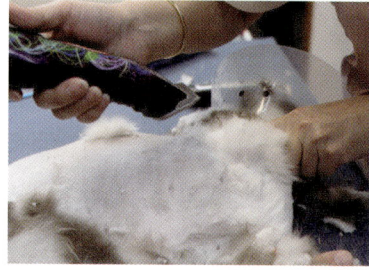

1 | 오른쪽 겨드랑이도 왼쪽 겨드랑이와 같은 방법으로 미용합니다.

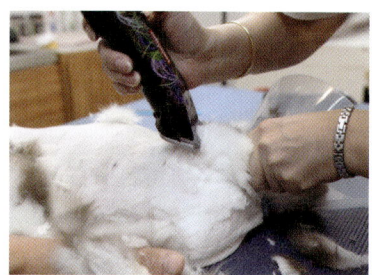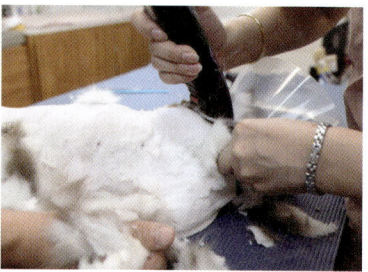

2 | 견갑과 다리를 몸 쪽으로 밀착시켜서 겨드랑이와 견갑 부분을 밀어줍니다.

부츠 만들기

1 | 수근구 부위까지 적당히 털을 제거합니다.

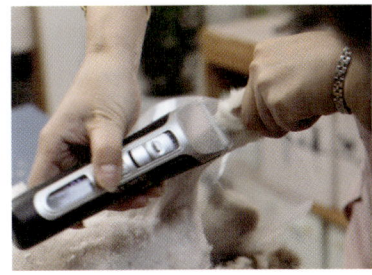

2 | 중간 클리퍼로 수근구까지 부츠 기준점을 만듭니다.

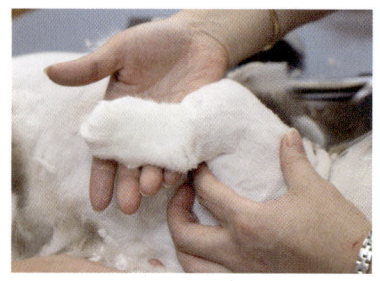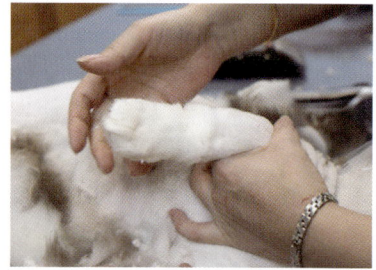

3 | 전체적으로 부츠를 만들고 발등 위쪽 부츠도 왼쪽과 같은 방법으로 만들어 줍니다.

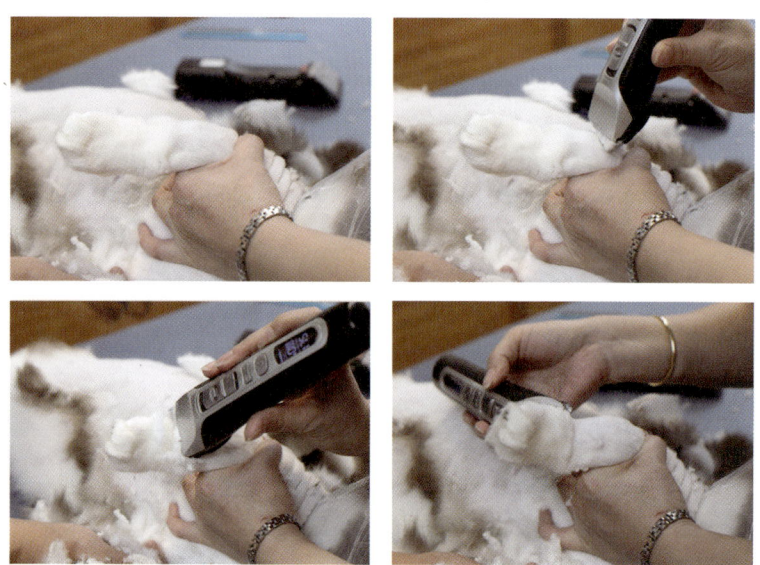

 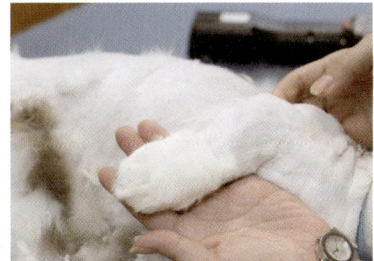

4 | 오른쪽 부츠 완성 모습

5 | 오른발 역시 발바닥은 고양이가 편안하도록 보정사를 향하도록 하고 발바닥을 밀어
줍니다. (고양이의 발바닥이 안 보일 경우 고양이를 움직이는 것이 아니고 미용사가
움직여 시야 확보를 합니다.)

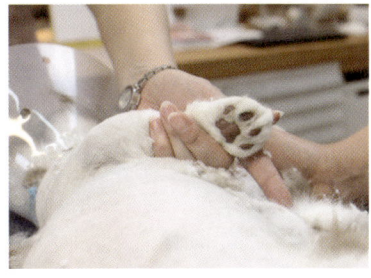 

6 | 다듬고 싶은 털이 있다면 정리하여 줍니다.

뒷다리 미용 보정법

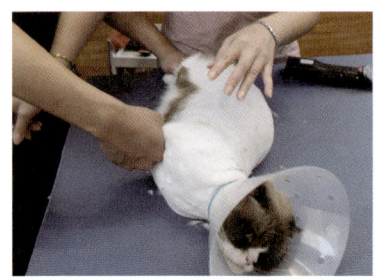
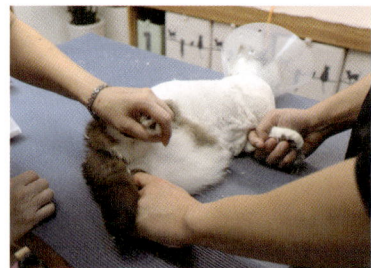

1 | 보정사가 앞다리를 잡았던 오른손으로 앞발 두 개를 함께 잡습니다.

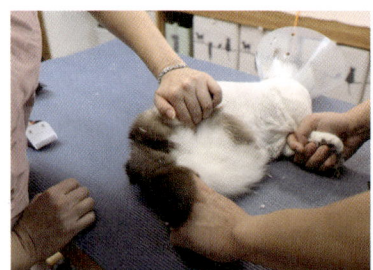
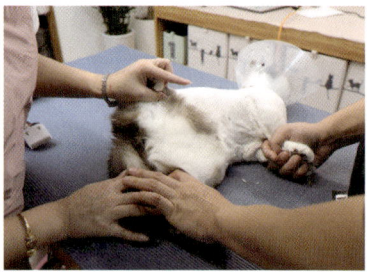

2 | 고양이는 움직이지 않고 미용사가 고양이 뒷다리 쪽으로 움직입니다. 오른쪽 뒷다리를 잡고 접힌 채로 다리를 벌려 배 부위 시야를 확보합니다.

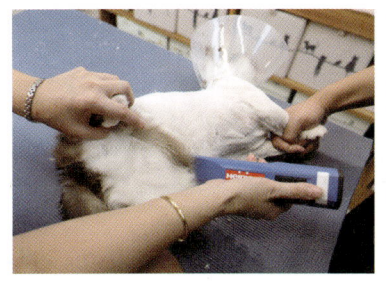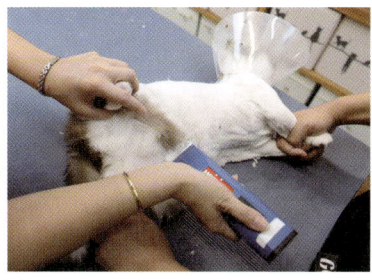

3 | 배꼽에서 다리와 생식기 방향으로 클리핑합니다.

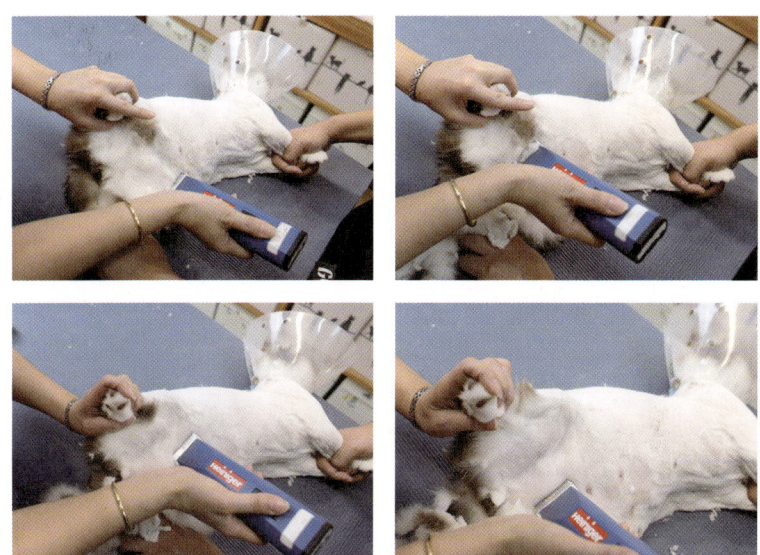

4 | 다리를 살짝만 펴서 허벅지 안쪽을 밀어줍니다.

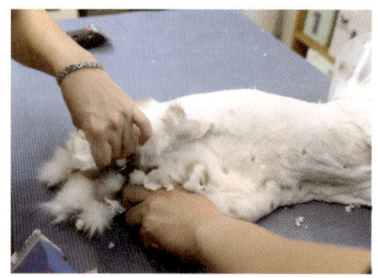

5 | 허벅지 바깥쪽을 밀 때는 벌린 다리를 다시 오므려 줍니다.

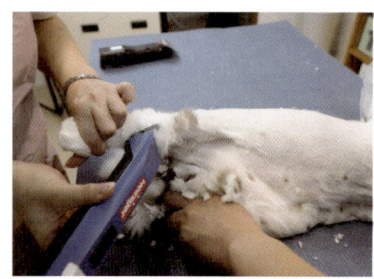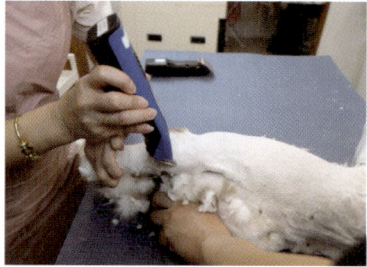

6 | 비절 부위까지 털의 방향을 보고 역방향으로 밀어줍니다. (보통 발 쪽에서 몸 방향이
    역방향입니다.)

7 | 엉덩이 부분까지 클리핑합니다.

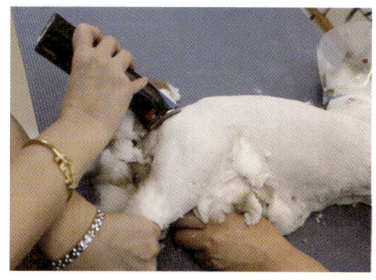

8 | 미니 클리퍼를 사용하여 정방향으로 남은 털을 정리합니다.

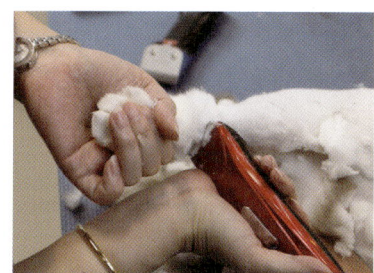

9 | 비절 부분을 기준으로 뒷다리 부츠 라인을 만듭니다.

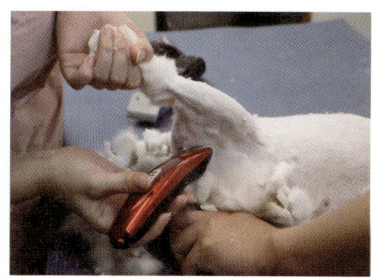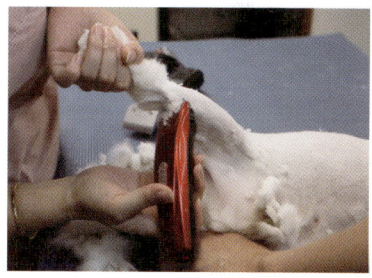

10 | 안쪽 허벅지와 부츠 라인도 깔끔하게 정리합니다. (클리퍼로 세게 압력을 가할 경우 고양이에게 상처가 날 수 있으므로 살살 조심히 해주세요.)

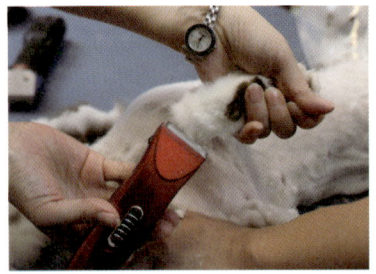 

11 │ 발바닥 털을 제거합니다. 발톱 방향에서 뒤쪽으로 천천히 밀어주면 쉽게 클리핑할 수 있습니다.

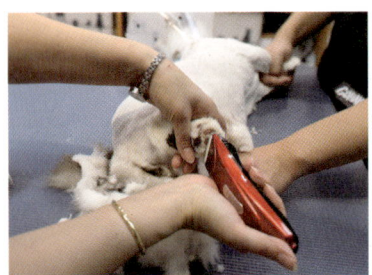 

12 │ 남은 털이 있는 경우 뒤에서 앞쪽 방향으로 한 번 더 정리합니다.

13 │ 뒷다리를 접은 상태로 엄지와 검지 사이에 비절이 들어오게 잡아줍니다. 생식기를 일부 정리해주면 마무리 때 수월하게 생식기 미용을 할 수 있습니다.

14 │ 꼬리와 몸 연결 부분도 적당히 밀어줍니다.

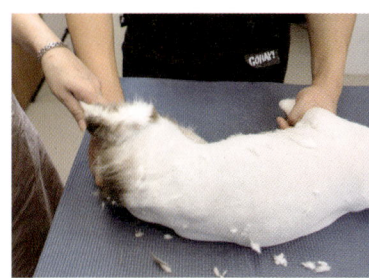 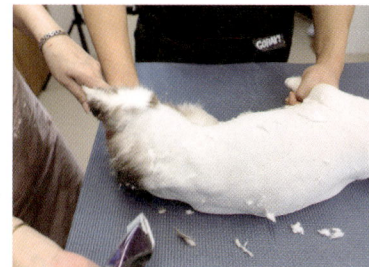

15 │ 다음 몸의 왼쪽이 위로 오도록 돌려줍니다.

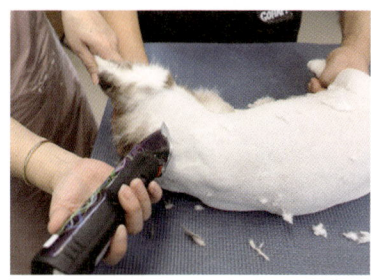 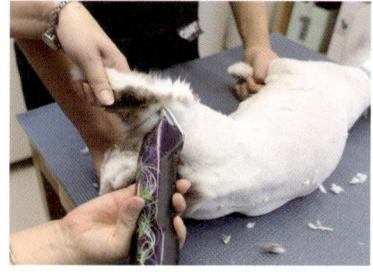

16 │ 엉덩이 부분에서 비절 방향으로 밀어줍니다.

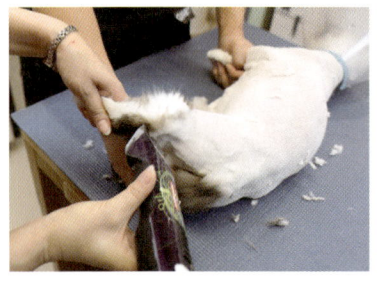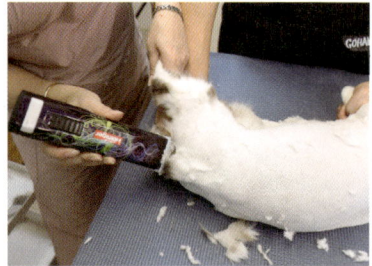

17 | 엉덩이 꼬리 주변 허벅지를 역방향으로 밀어줍니다.

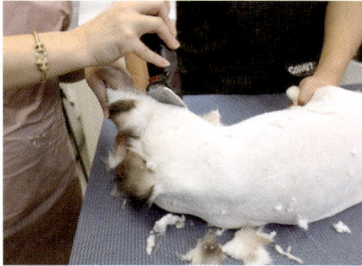

18 | 비절 방향에서 쓸개골 방향으로 클리핑합니다.

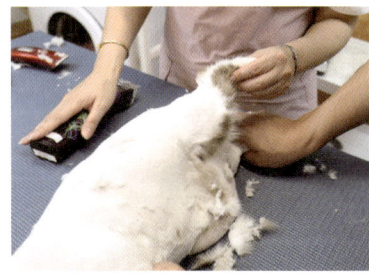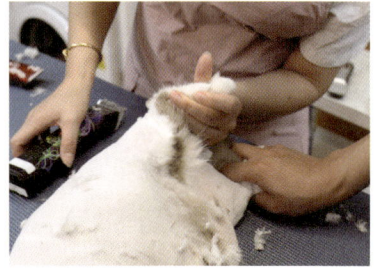

19 | 왼손으로 고양이 발목 쪽을 안쪽에서 바깥쪽 방향으로 잡아줍니다.

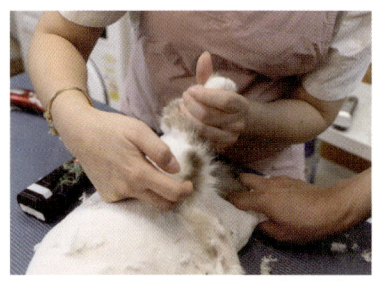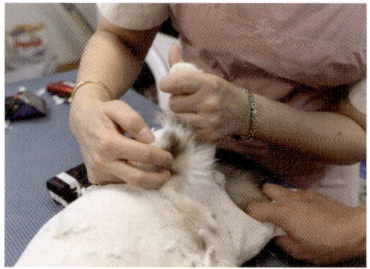

20 | 다리를 벌려줄 때 발목을 잡은 한 손으로만 벌릴 경우 관절에 무리가 갈 수 있으므로 오른손을 이용하여 슬개골 쪽을 잡고 벌려주면 관절에 무리가 가지 않고 다리를 쉽게 벌릴 수 있습니다.

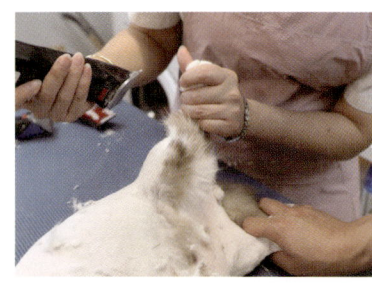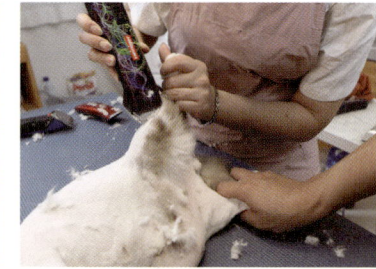

21 | 비절 앞쪽부터 시작하여 허벅지 안쪽을 클리핑합니다.

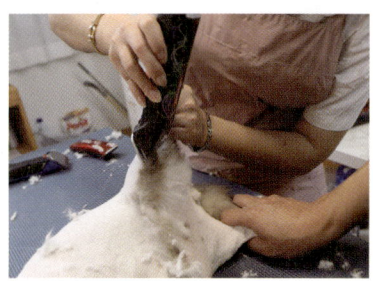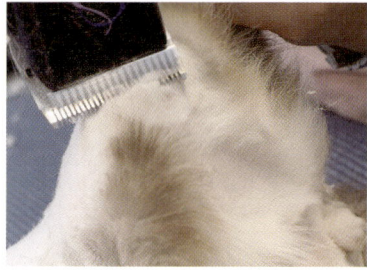

22 | 다리를 접어서 배 안쪽을 밀어주면 보다 안전하게 미용이 가능합니다.

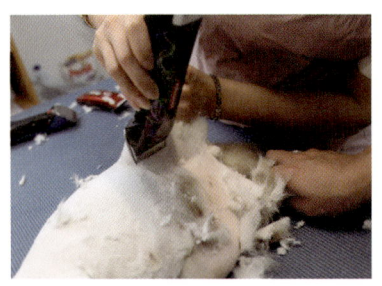 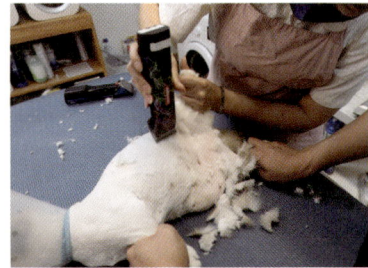

23 | 배와 가슴을 미용할 때는 젖꼭지를 항상 염두에 두고 미용해야 고양이가 다치지 않습니다.

뒷다리 부츠 만들기

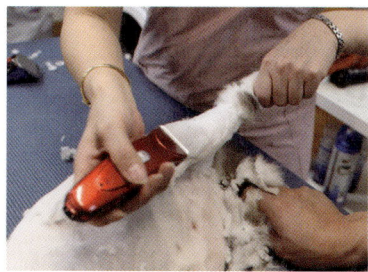

1 | 벌린 다리를 다시 오므려 준 다음 고양이가 편한 자세로 뒷다리를 펴줍니다.

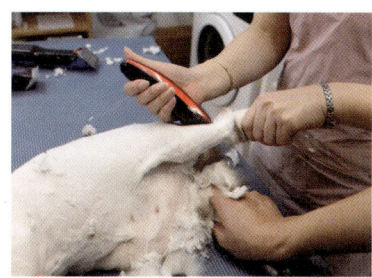

2 | 미니 클리퍼로 비절 부분을 기준점으로 하여 뒷다리 부츠를 만들어 줍니다.

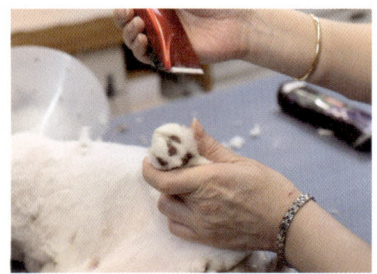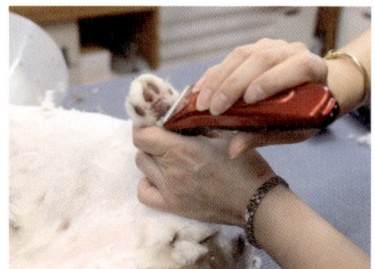

3 | 발바닥을 클리핑합니다.

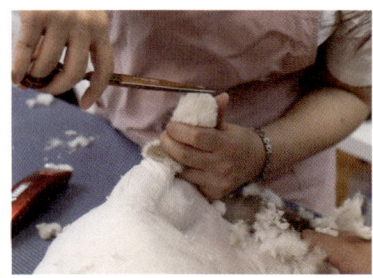

4 | 지저분한 털은 가위로 다듬어 줍니다.

생식기와 항문

 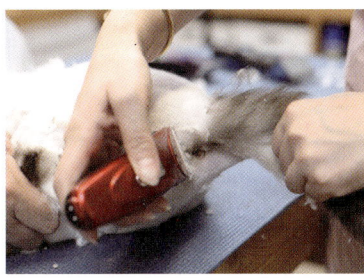

1 | 보정사가 두 뒷다리를 한 손으로 모아 잡습니다. 미용사는 꼬리를 잡고 미니 클리퍼를 이용하여 생식기와 항문을 깔끔하게 밀어줍니다.

 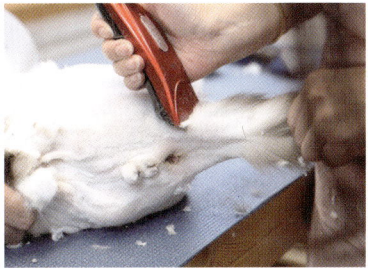

2 | 꼬리를 3분의 1 정도 적당히 밀어줍니다.

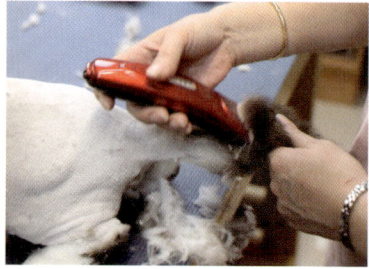

3 │ 그다음 보정사가 고양이 앞발과 뒷발을 잡고 있던 손을 놓으면 고양이가 엎드린 자세를 취합니다.

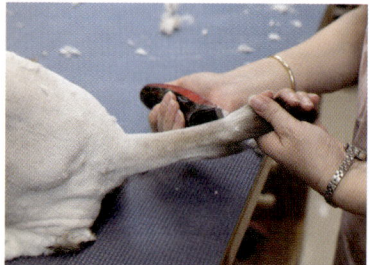

4 │ 꼬리를 원하는 부위만큼 남기고 밀어줍니다.

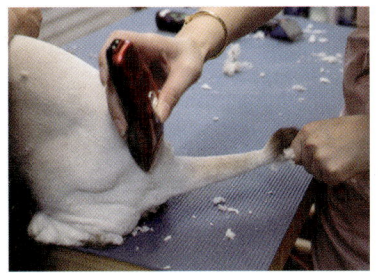 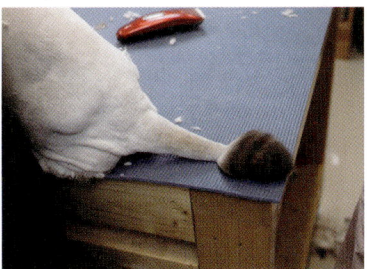

5 | 꼬리 완성

6 | 전체적으로 덜 밀린 곳이 있는지 확인 후 정리하고 싶은 곳을 깔끔히 정리하여 마무리
합니다.

미용 후 목욕하기

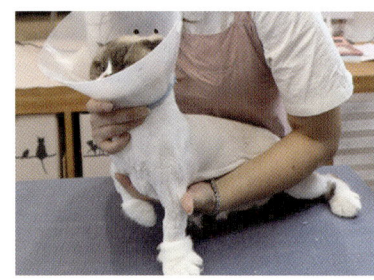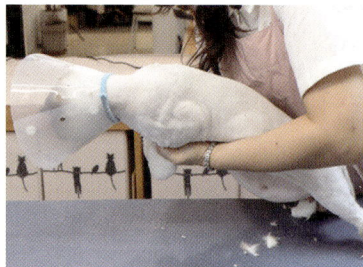

1 | 왼손 검지를 앞다리 사이 가슴에 두고 앞다리를 잡아줍니다.

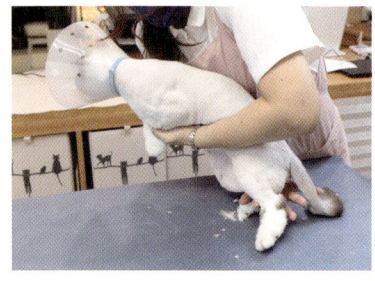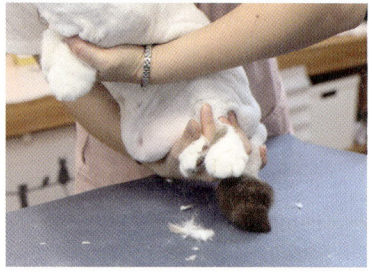

2 | 오른손으로 뒷다리도 같은 방법으로 잡고 안아줍니다.

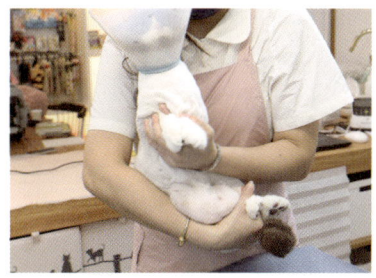

3 | 고양이를 안정적인 자세로 안고 목욕하러 이동합니다.

4 | 샴푸를 푼 물과 깨끗한 헹굼 물을 준비합니다. 물의 온도는 약 38~40도가 적당합니다. ※ 혹시 곰팡이 피부병이 있는 고양이는 곰팡이 피부병에 좋은 약용샴푸를 사용하면 좋습니다.

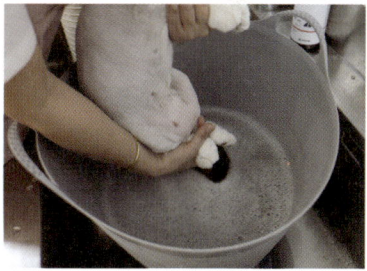

5 | 고양이가 놀라지 않도록 고양이의 꼬리와 뒷다리부터 천천히 담가줍니다.

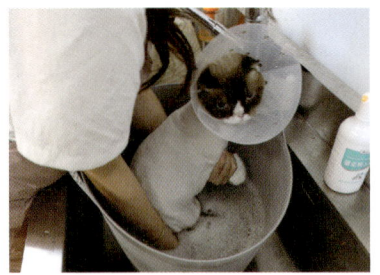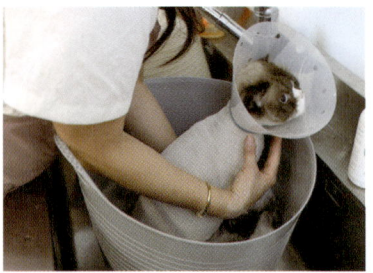

6 | 왼손으로 앞발을 잡은 상태에서 뒷발을 놓아주고, 오른손으로 샴푸 푼 물을 이용해 고양이의 몸을 적셔주면서 깨끗이 씻겨줍니다.

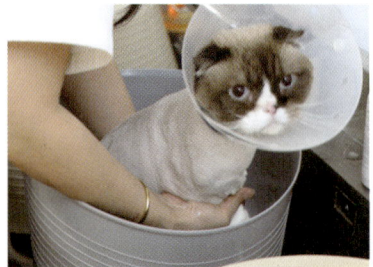

7 | 앞발을 잡은 왼손을 오른손으로 교체한 후 왼손으로 고양이의 왼쪽 몸과 배, 사타구니, 꼬리, 항문 등을 구석구석 깨끗하게 씻겨줍니다.

8 | 깨끗한 헹굼 물로 여러 번 헹구어 줍니다.

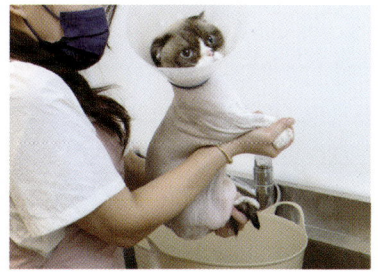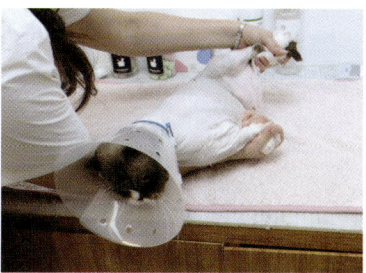

9 | 앞발과 뒷발을 잡고 미리 준비해 둔 마른 수건으로 이동합니다. (뒷발 잡은 손은 엉덩이도 함께 받쳐줍니다.)

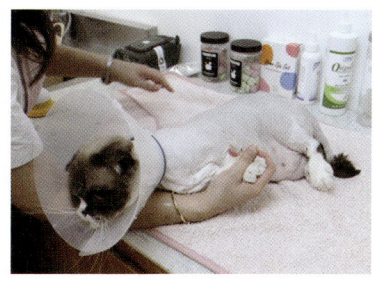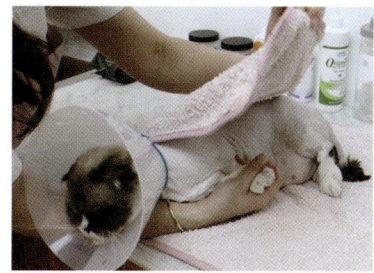

10 | 고양이를 수건 위에 천천히 내려놓고 난 후 수건으로 몸을 감싸줍니다.

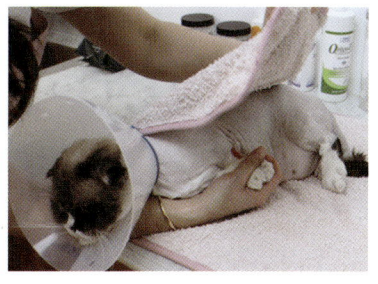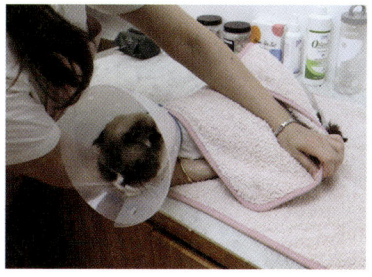

11 | 이때 앞발을 잡은 상태로 수건을 덮어줍니다.

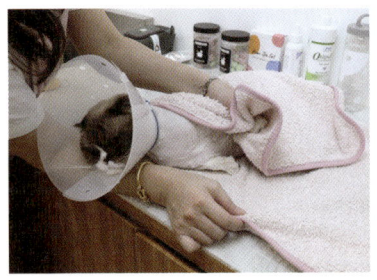 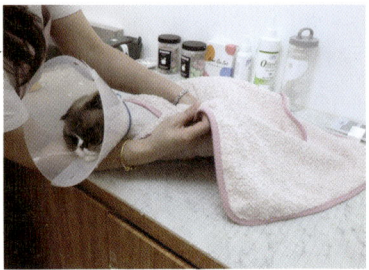

12 | 다른 손으로 수건을 잡아 앞발을 다시 잡아주고, 아래쪽 수건을 이용해 목둘레를 감싸줍니다.

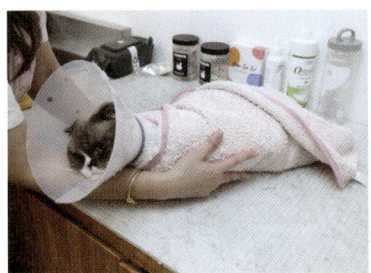 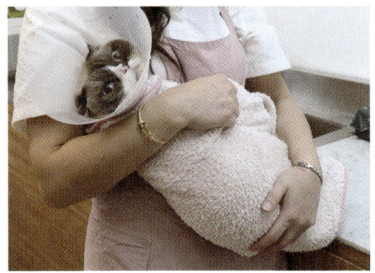

13 | 수건으로 고양이의 몸 전체를 감싸 남은 물기를 닦아줍니다. 고양이를 안아서 닦아주어도 됩니다.

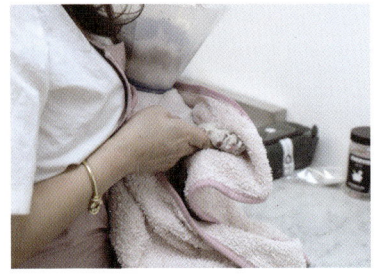 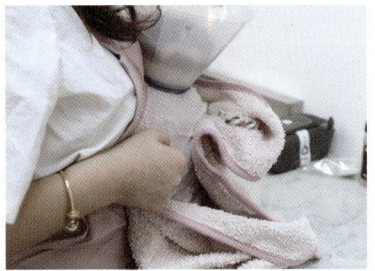

14 | 앞발과 뒷발 그리고 꼬리 부분은 미용 후에도 털이 길어 물기가 많이 남아 있으므로 수건으로 물기를 꼼꼼히 닦아줍니다.

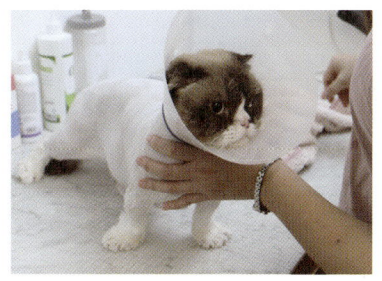
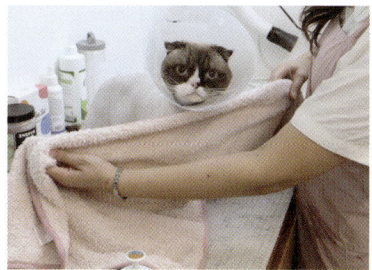

15 | 물기를 꼼꼼히 닦아낸 후 수건을 이용해 가슴 쪽에서 등 쪽으로 고양이의 몸을 감싸 줍니다.

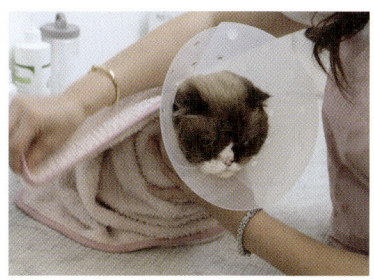
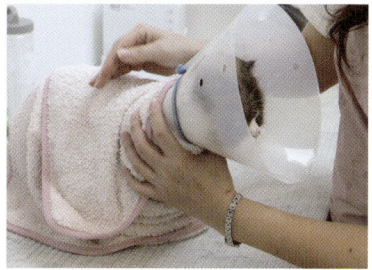

16 | 수건을 감싼 후 왼손을 이용해 고양이의 목 부위에 수건 끝쪽을 고정하듯이 해서 잡 아줍니다.

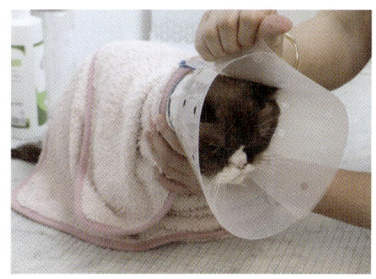
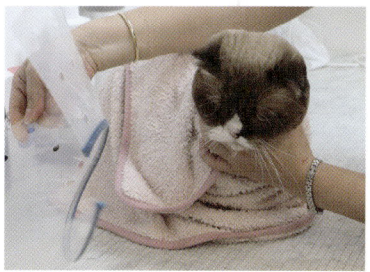

17 | 수건을 잡은 후 고양이의 넥카라를 제거해 줍니다.

18 | 실리콘 브러시를 이용해 고양이의 머리와 양 볼의 털을 빗어 주어 죽은 털을 제거해 줍니다.

19 | 고양이의 얼굴에서 죽은 털(푸석한 털)을 제거해 주면 건강한 털만 남게 되어 얼굴 이 반짝거리듯이 윤기가 있어 보이게 됩니다.

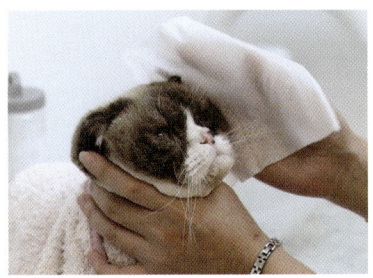

20 | 깨끗한 물수건을 이용해 고양이의 눈과 눈곱을 깨끗하게 정리해줍니다. 닦을 때 사 용되는 오른손은 입의 앞쪽보다는 정수리 쪽에서 움직여 이동시키도록 합니다.

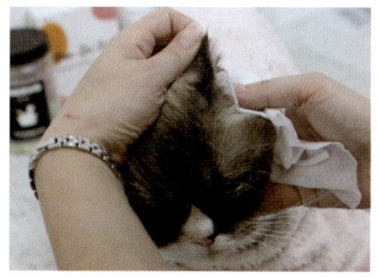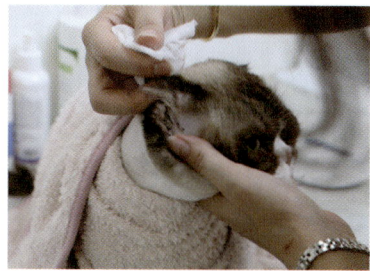

21 | 눈곱 정리 후 고양이의 양쪽 귀(귀지)를 닦아줍니다. 만약 귀의 안쪽까지 까맣고 이물질이 많다면 병원 진료를 받아야 합니다.

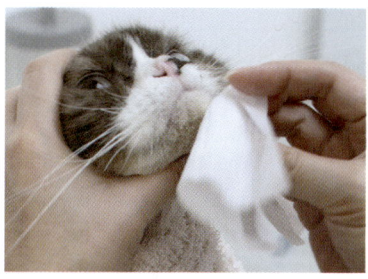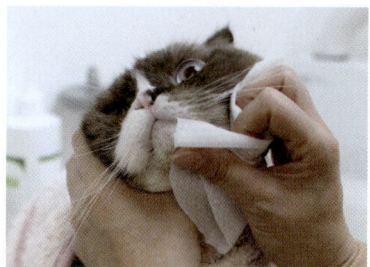

22 | 다음은 왼손 엄지를 이용해 턱을 고정한 후 턱드름이 있을 경우 깨끗하게 닦아줍니다. 이때 턱드름은 완전히 제거되지 않을 수도 있습니다.

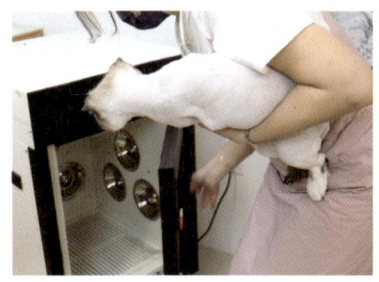

23 | 고양이를 드라이룸에 넣어 몸을 건조시킵니다. 드라이룸의 설정 온도는 30도 정도로 맞춰줍니다. 가정에 드라이룸이 없을 경우에는 고양이 이동장(캐리어)에 넣고 헤어드라이어를 시원한 바람으로 설정한 후 이동장 입구에 고정하는 방법으로 하여도 같은 효과를 낼 수 있습니다.

※ 드라이룸의 설정 온도를 30도로 하여도 미지근한 바람이 나오기에 고양이에게 다른 영향을 끼치는 것은 아닙니다. 다만, 헤어드라이어에서 시원한 바람을 설정해 놓는 이유는 드라이어 자체에서 나오는 열풍이 있기에 시원한 바람이 나오도록 설정할 것을 추천합니다. (뜨거운 바람일 경우 화상을 입기 쉽습니다.)

미용 후

PART 3

품종별 미용 방법
스코티시 폴드

고양이 이름 하람(5살, 수컷)

고양이 품종 스코티시 폴드

반려묘의 미용 전 모습

발톱 자르기

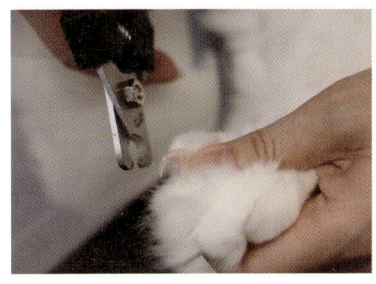

1 | 발톱이 잘 나오도록 검지를 젤리 부분
에 대고 엄지로 발가락 관절을 누르면
서 위로 살짝 당겨줍니다.

2 | 반투명으로 보이는 흰색 부분만 잘라
줍니다.

3 | 핑크색은 혈관이므로 잘리지 않도록
조심합니다.

등과 목둘레 클리핑

---◆---

 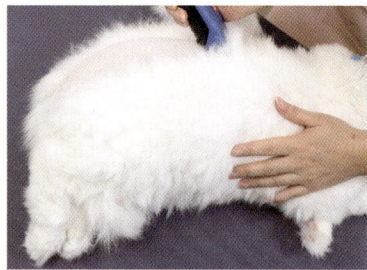

1 | 고양이의 등 털은 꼬리 윗부분부터 머리 방향으로 밀어줍니다.

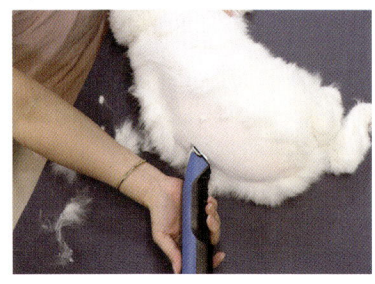 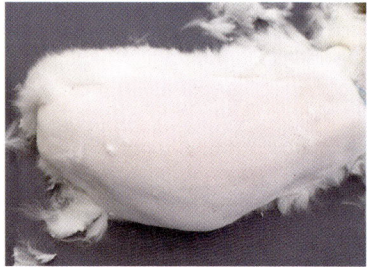

2 | 넥카라 있는 부위까지 클리핑합니다.

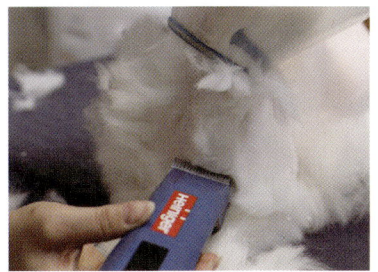 

3 | 고양이의 목둘레를 오른쪽부터 왼쪽 방향으로 가슴(흉골) 위를 밀어줍니다. 왼쪽 목둘레의 털을 밀 때는 고개를 오른쪽 방향으로 돌려 클리핑합니다.

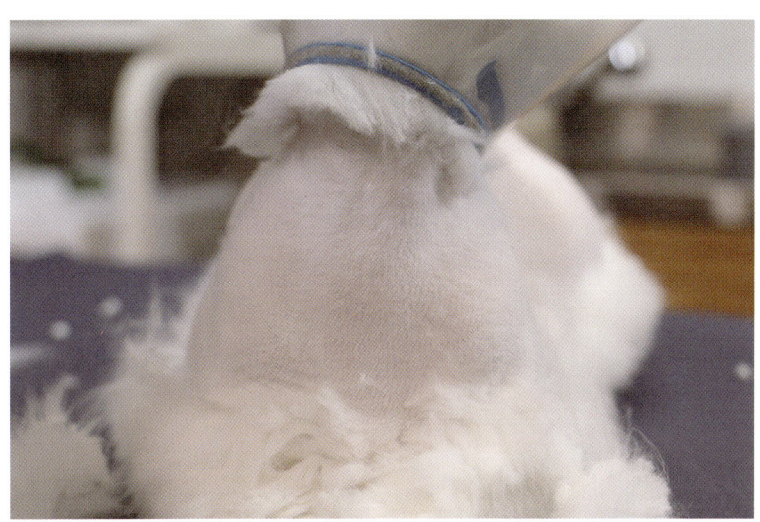

얼굴 라인 클리핑

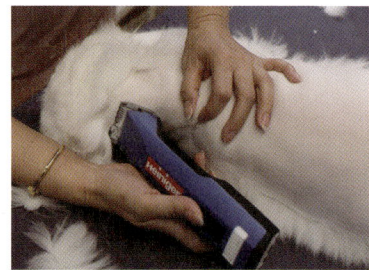

1 | 넥카라를 벗기고 난 후 뒤 목덜미 부분부터 귀 뒤쪽 라인까지 밀어줍니다. 이때 등 피부를 꼬리 방향으로 살짝 당기면서 클리핑을 해줍니다.

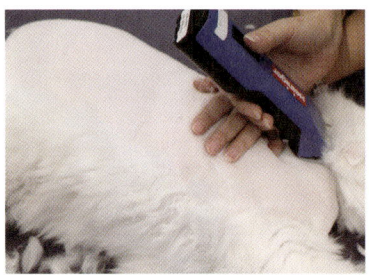

2 | 왼쪽 귀 뒤쪽을 기준으로 오른쪽 귀 뒤쪽까지 일자 모양이 되도록 밀어줍니다.

3 | 머리(두개골, 귀 아래쪽 부근)를 잡고 얼굴을 위로 올립니다.

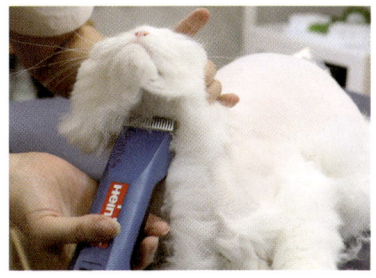 

4 | 고양이의 목에서 입 부위 방향으로 털을 밀어줍니다. 턱드름(턱에 난 피지)이 심할 경우 관리를 위해서 턱 전체를 깔끔하게 클리핑해도 좋습니다.

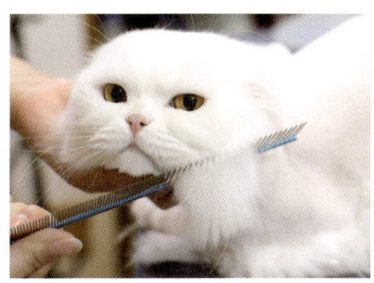 

5 | 콤을 이용하여 남은 털 중 볼 옆을 빗어 줍니다.

6 | 커브 가위 또는 민가위로 턱-입술 옆-귀 뒤쪽까지 연결하여 잘라 줍니다.

볼 한쪽을 커팅한 모습

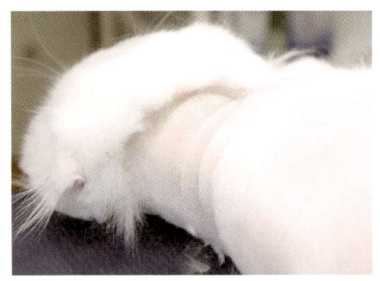 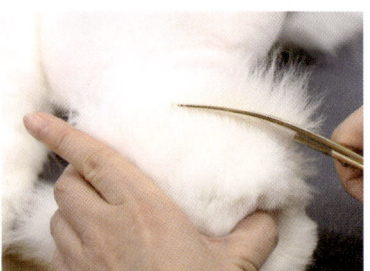

7 | 뒤통수 털을 콤으로 잘 빗어주고

 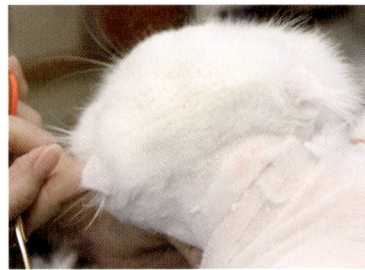

8 | 왼쪽 방향에서 오른쪽 방향으로 잘라줍니다.

 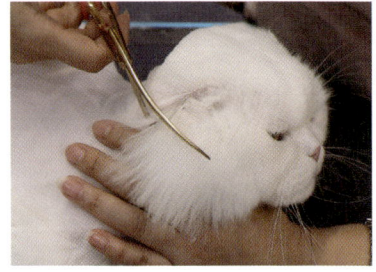

9 | 왼쪽처럼 오른쪽 볼 털도 귀 뒤부터 턱 라인까지 연결시켜 잘라줍니다.

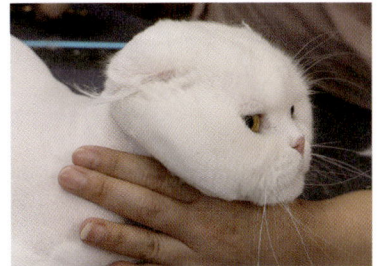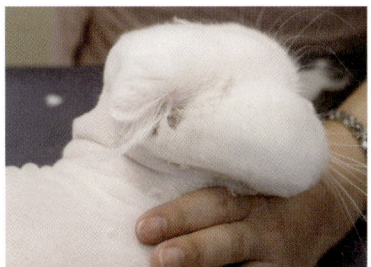

완성된 얼굴 측면

완성된 얼굴 앞면

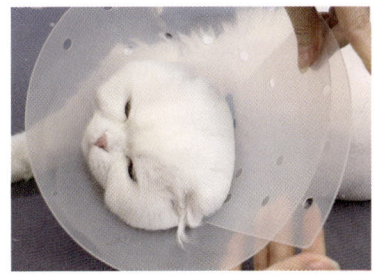

10 | 얼굴 완성 후 다시 넥카라를 씌워줍니다.

겨드랑이 클리핑

 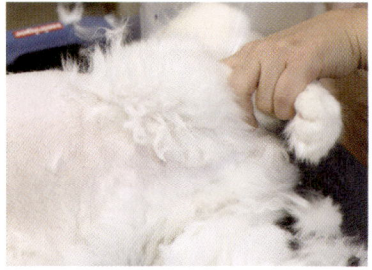

1 | 허벅지 부분부터 겨드랑이 방향으로 클리핑합니다.

2 | 왼쪽 앞다리를 최대한 접은 상태로 견갑 부분도 몸 쪽으로 밀착시킵니다.

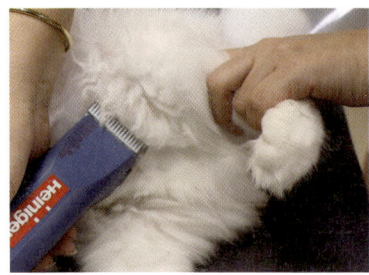 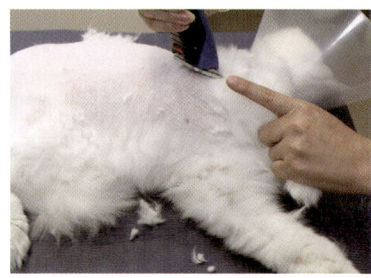

3 | 겨드랑이는 피부가 매우 얇아서 다치기 쉽기 때문에 다리를 접어서 상완골을 이용하여 클리핑을 합니다.

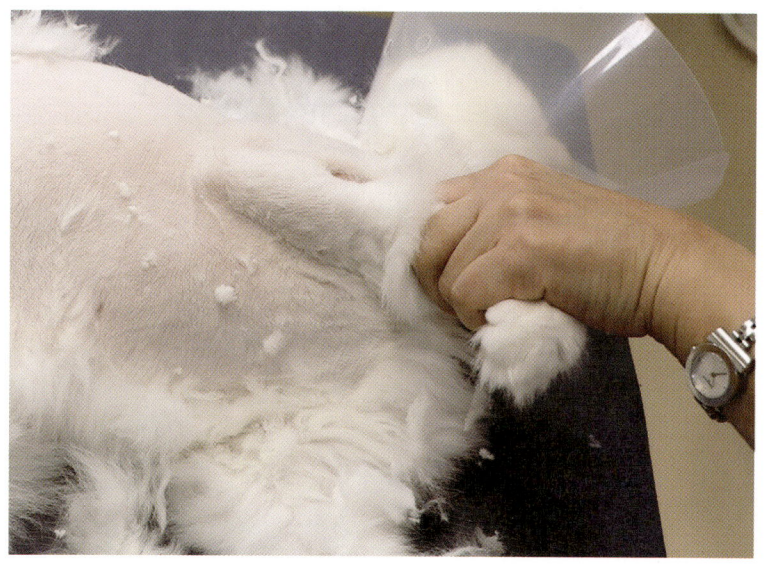

겨드랑이 미용한 모습

앞다리 클리핑, 부츠 만들기

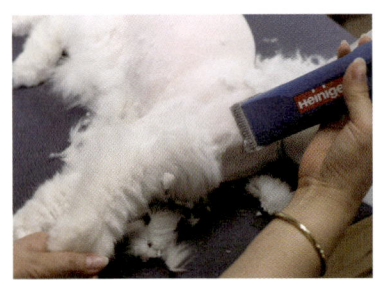

1 | 잡은 다리를 편 다음 견갑 앞부분을 클리핑합니다.

2 | 앞다리 수염 부분(상완골, 척골, 요골)까지 클리핑하여 부츠 부위를 남깁니다.

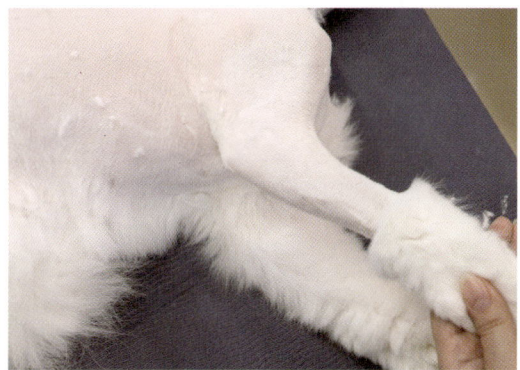

부츠를 남긴 모습

3 | 발바닥을 밀어줍니다. 발바닥은 짧은 날을 이용합니다.

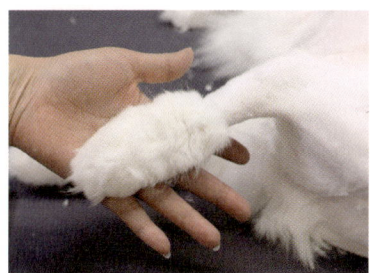

4 | 지저분한 털이 보이네요.

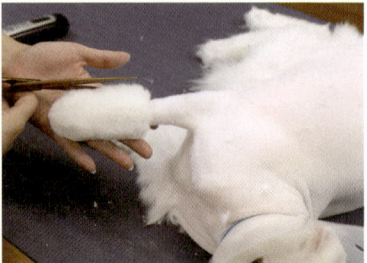

5 | 가위로 단정하게 다듬어 주면 보기 좋습니다.

부츠 완성 (단모종은 부츠 가위로 다듬지 않습니다.)

6 | 반대 방향도 같은 방법으로 미용합니다.　7 | 다리 클리핑 과정입니다.

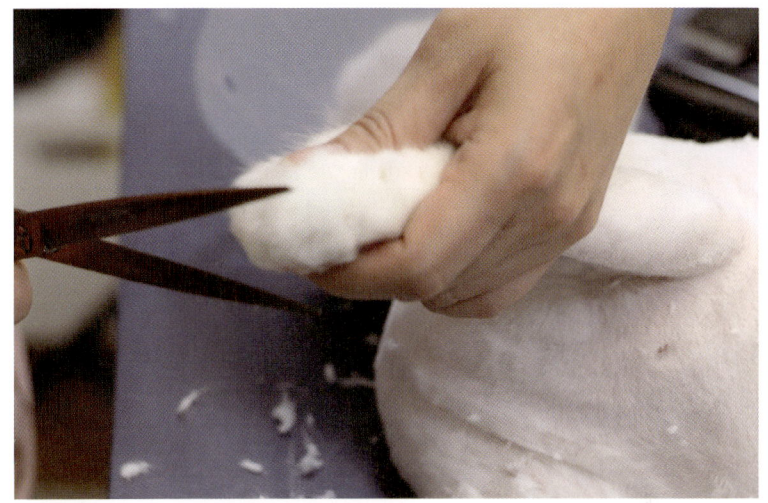

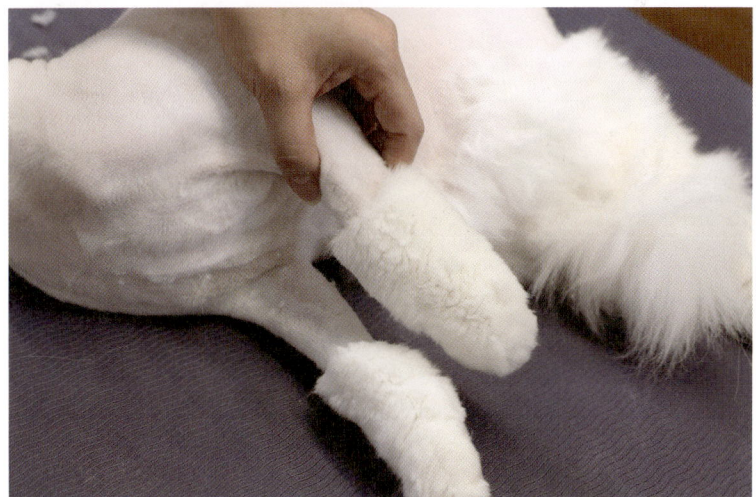

부츠 완성

뒷다리 클리핑, 부츠 만들기

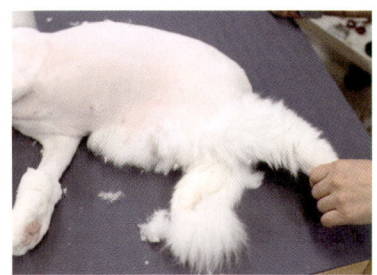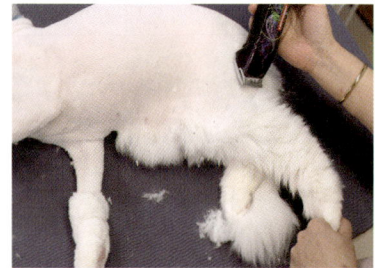

1 | 뒷다리의 바깥쪽 허벅지 부분은 서 있을 때 모습처럼 펴준 다음 클리핑합니다.

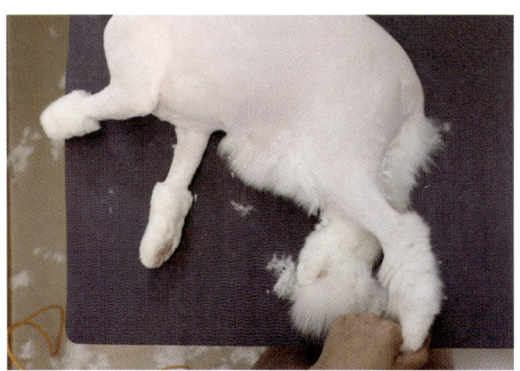

허벅지 바깥쪽만 클리핑한 모습

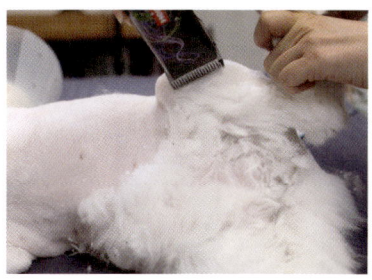 

2 | 허벅지 안쪽과 배 부위는 다리를 굽힌 다음 벌려주어야 고양이가 불편하지 않습니다.

3 | 배와 허벅지 안쪽을 클리핑합니다.

4 | 미니 클리퍼로 허벅지 부위를 비절까지만 털을 깔끔하게 정리합니다.

허벅지에서 비절까지 미용된 모습

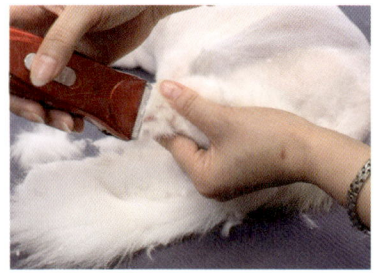

5 | 발바닥을 밀어줍니다.

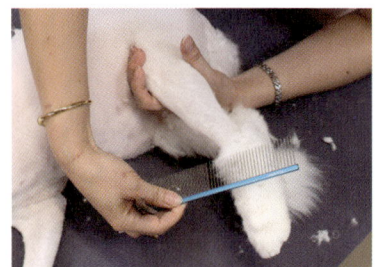 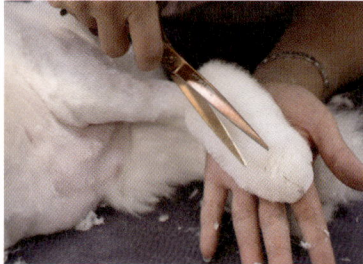

6 | 콤을 이용하여 빗질을 한 후 민가위로 다듬어 줍니다. (원통을 만든다고 생각하고 다듬으면 쉽게 미용을 할 수 있습니다.)

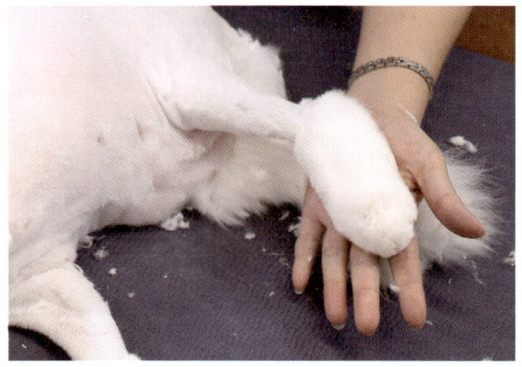

뒷다리 부츠 완성 (단모종은 부츠를 가위로 다듬지 않습니다.)

생식기와 항문 미용하기

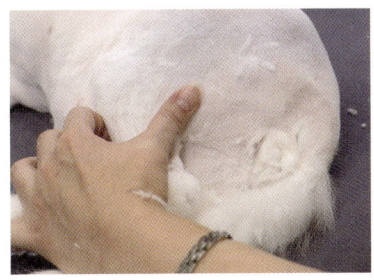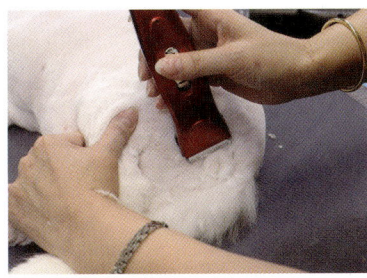

1 | 생식기는 다리(슬개골과 비절)를 접은 다음 엄지손가락으로 엉덩이 살을 살짝 당겨 주면
생식기에 겹치는 살을 쉽게 펼 수 있어서 미용하기 용이합니다.

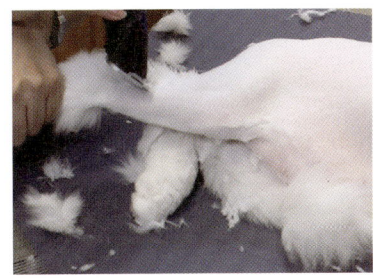

2 | 반대쪽 다리도 같은 방법으로 미용합니다.

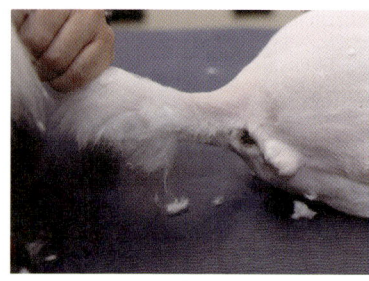 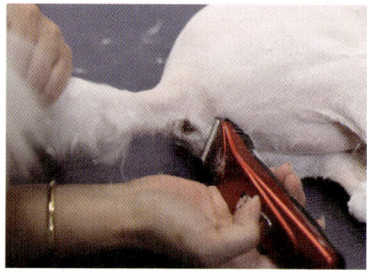

3 | 항문은 엎드린 상태로도 미용이 가능하지만 전체 미용하는 아이들이 누워 있는 상태라면 누운 상태로 항문 주위 털을 클리핑하는 것이 쉽고 빠릅니다.

 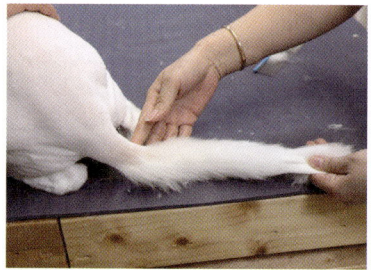

4 | 꼬리는 항문 연결 부위부터 빠르게 미용 후 양옆 쪽과 등 연결 부위의 꼬리를 밀어줍니다.

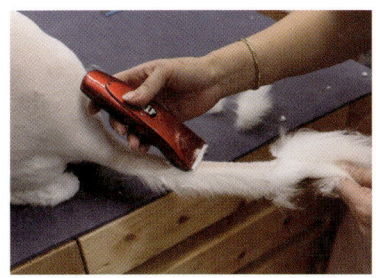

5 | 꼬리 끝의 남기는 길이는 정해진 것이 없으므로 원하는 만큼 정하고, 정한 부위까지 깔끔하게 클리핑합니다.

6 | 꼬리 끝은 꼬리뼈를 확인 후 꼬리뼈 바깥으로 털을 정리합니다. 위의 사진에서는 클리퍼로 정리하였지만 가위로 정리하거나 안 해도 무관합니다. (단모종은 꼬리 끝 정리를 하지 않습니다.)

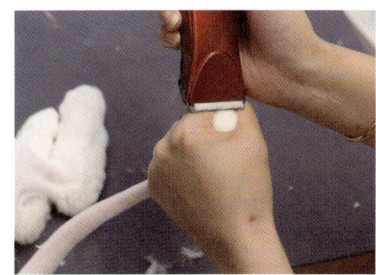

클리퍼로 자르는 모습

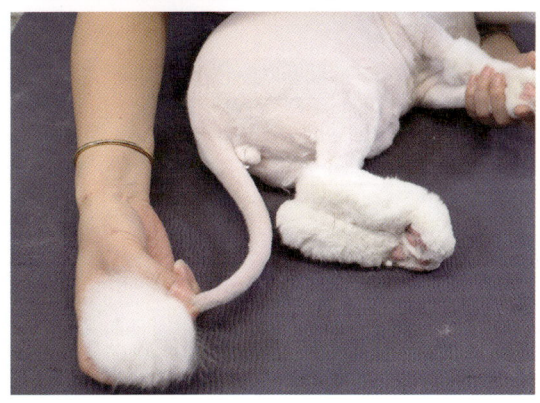

꼬리 완성

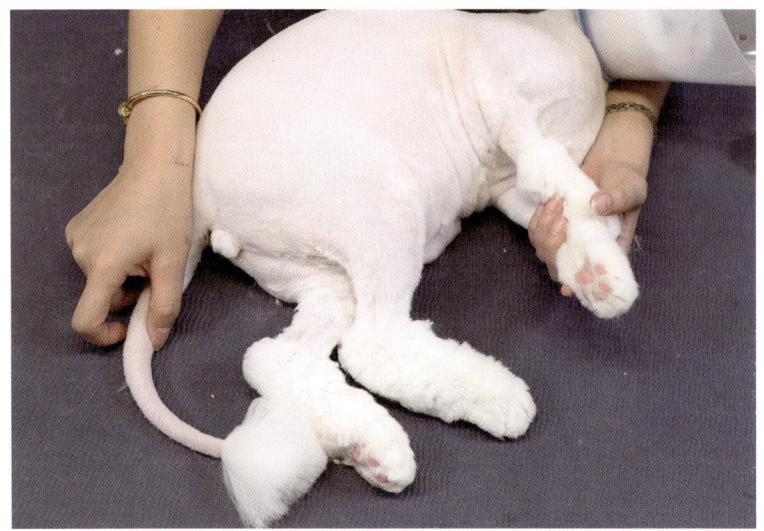

미용 완성

미용 후 목욕하기

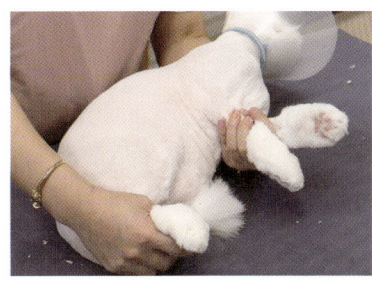

1 | 왼손 검지를 앞다리 사이 가슴에 두고 앞다리를 잡아줍니다.

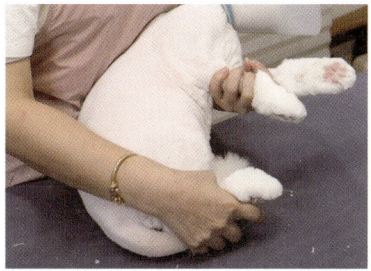

2 | 오른손으로 뒷다리도 같은 방법으로 잡고 안아줍니다.

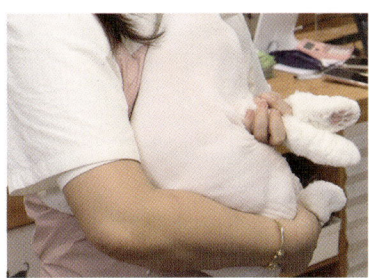

3 | 고양이를 안정적인 자세로 안고 목욕하러 이동합니다.

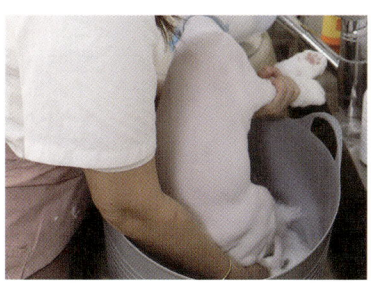

4 | 고양이의 뒷다리부터 고양이가 놀라지 않도록 천천히 담가줍니다.

 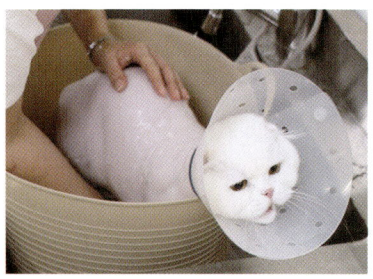

5 | 왼손으로 앞발을 잡은 상태에서 뒷발을 놓아주고, 오른손으로 샴푸를 푼 물을 이용해 고양이의 몸을 적셔주면서 깨끗이 씻겨줍니다.

6 | 깨끗한 헹굼 물로 여러 번 헹구어 줍니다.

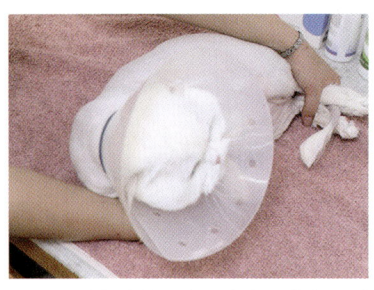 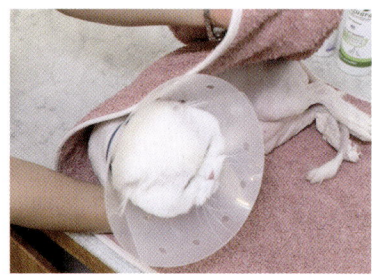

7 | 앞발과 뒷발을 잡고 미리 준비해 둔 마른 수건으로 이동합니다.

8 | 고양이를 수건 위에 천천히 내려놓고 난 후 수건으로 몸을 감싸줍니다.

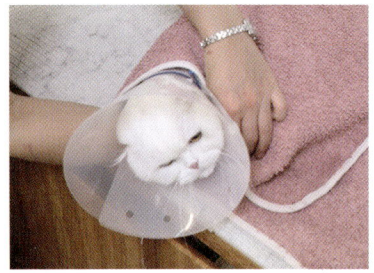 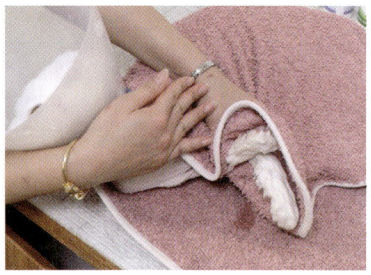

9 | 이때 앞발을 잡은 상태로 수건을 덮어줍니다.

10 | 다른 손으로 수건을 잡아 앞발을 다시 잡아주고

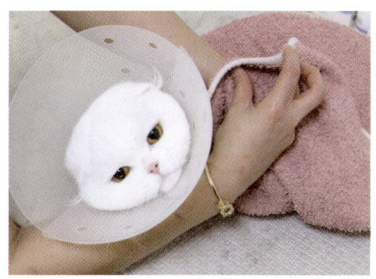

11 | 아래쪽 수건을 이용해 목둘레를 감싸 줍니다.

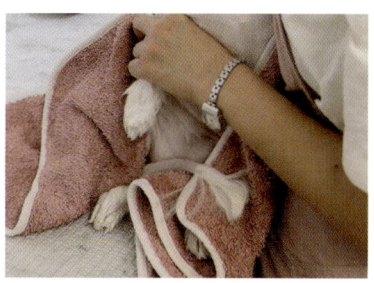

12 | 앞발과 뒷발 그리고 꼬리 부분은 미용 후에도 털이 길게 남아 있으므로 수건 으로 물기를 꼼꼼히 닦아줍니다.

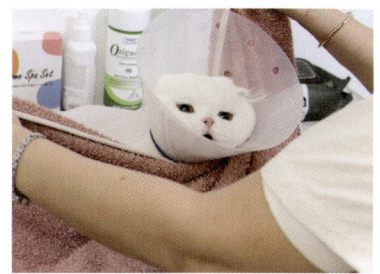

13 | 물기를 꼼꼼히 닦아낸 후 수건을 이용해 가슴 쪽에서 등 쪽으로 고양이의 몸을 감싸줍 니다.

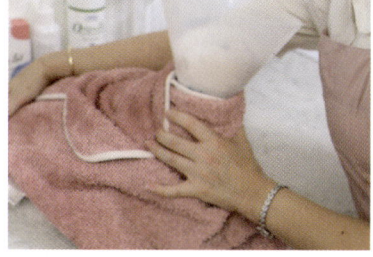

14 | 수건을 감싼 후 왼손을 이용해 고양이 의 목 부위에 수건 끝쪽을 고정하듯이 해서 잡아준 후 넥카라를 벗깁니다.

15 | 깨끗한 물수건을 이용해 고양이의 눈 과 눈곱을 깨끗하게 정리해줍니다.

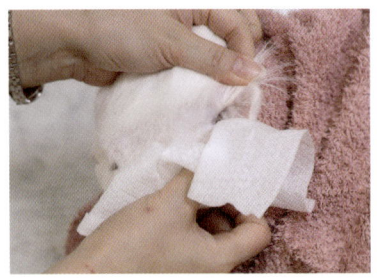

16 │ 눈곱 정리 후 고양이의 양쪽 귀(귀지)를 닦아줍니다. 만약 귀의 안쪽까지 까맣고 이물질이 많다면 병원 진료를 받아야 합니다.

17 │ 실리콘 브러시를 이용해 고양이의 머리와 양 볼의 털을 빗어서 죽은 털을 제거해 줍니다.

미용 및 목욕 후

PART 4

품종별 미용 방법
랙돌

고양이 이름 옥이(5세, 암컷)

고양이 품종 랙돌

반려묘의 미용 전 모습

미용 전 준비하기

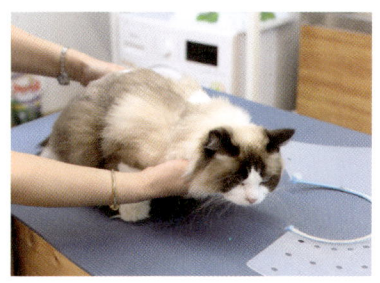

1 | 고양이 곁에 넥카라를 준비합니다.

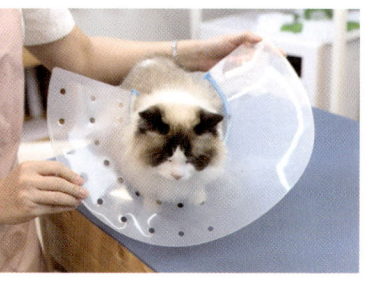

2 | 넥카라의 단추 쪽을 얼굴의 위로 향하도록 한 후 목에 감싸주도록 합니다.

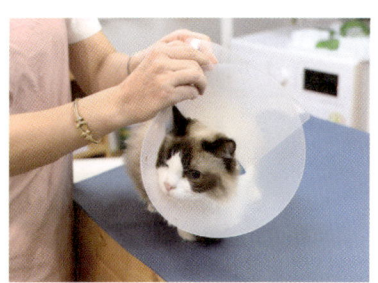

3 | 넥카라를 고양이의 머리 뒤쪽에서 목 사이즈에 맞춰 조절합니다.
※ 이때 미용사의 손은 고양이의 얼굴 앞쪽에 위치하지 않도록 합니다.

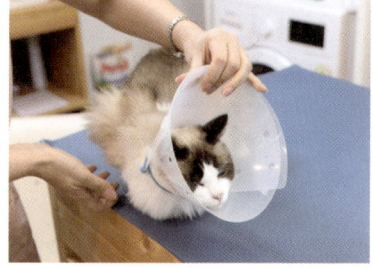

4 | 고양이의 얼굴이 빠지지 않도록 넥카라를 조절한 후 단추를 채워줍니다.

발톱 자르기

 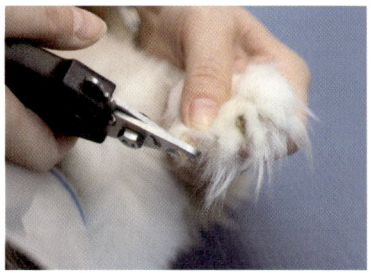

1 | 발톱이 잘 나오도록 검지 손가락을 젤리 부분에 대고 엄지손가락으로 발가락 관절을 누르면서 위로 살짝 당겨줍니다.

2 | 반투명으로 보이는 흰색 부분만 잘라 줍니다.

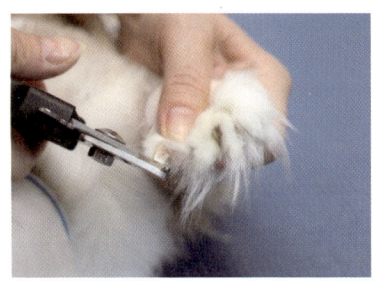 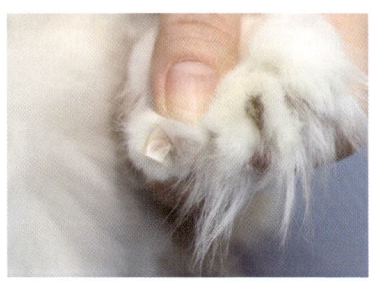

3 | 핑크색은 혈관이므로 잘리지 않도록 조심합니다.

4 | 잘린 모습

등과 목 주위 미용하기

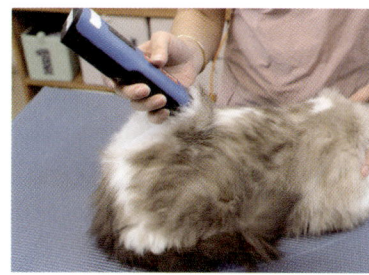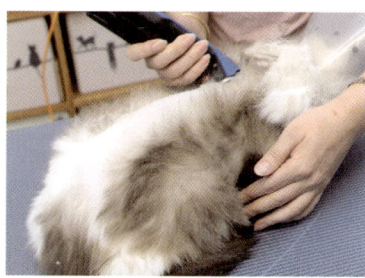

1 | 고양이의 등 털은 꼬리 윗부분부터 머리 방향으로 밀어줍니다. (역방향 미용)

2 | 넥카라 있는 부위까지 클리핑합니다.

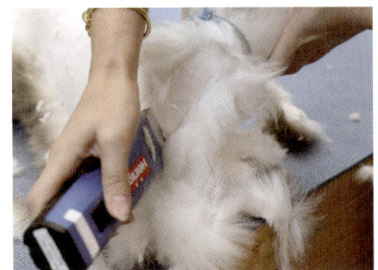 

3 │ 고양이의 목둘레를 오른쪽부터 왼쪽 방향으로 가슴(흉골) 위를 밀어줍니다. 왼쪽 목둘레의 털을 밀 때는 고개를 오른쪽 방향으로 돌려 클리핑합니다.

얼굴 라인 클리핑

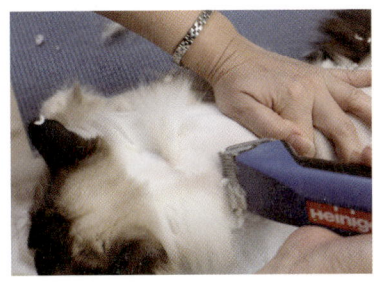 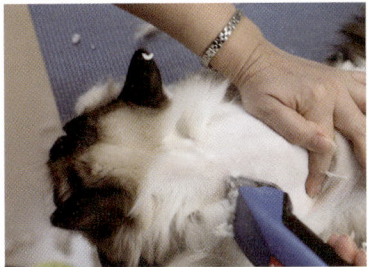

1 | 넥카라를 벗기고 난 후 뒤 목덜미 부분부터 귀 뒤쪽 라인까지 밀어줍니다. 이때 등 피부를 꼬리 방향으로 살짝 당기면서 클리핑을 해줍니다.

2 | 왼쪽 귀 뒤쪽을 기준으로 오른쪽 귀 뒤쪽 까지 일자 모양이 되도록 밀어줍니다.

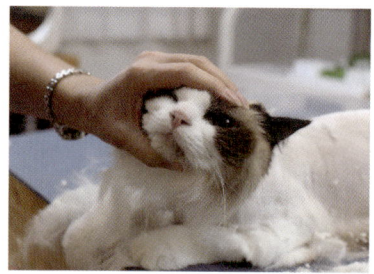 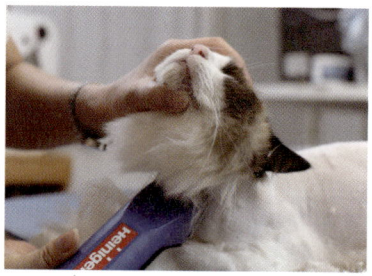

3 | 다음은 고양이의 목 부위를 밀어야 하는데, 왼손 엄지손가락은 턱을, 중지와 약지는 정수리를 잡습니다.

4 | 그리고 얼굴을 위로 들어 올리면 목 부위가 잘 보입니다.

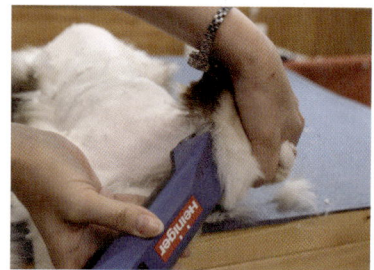 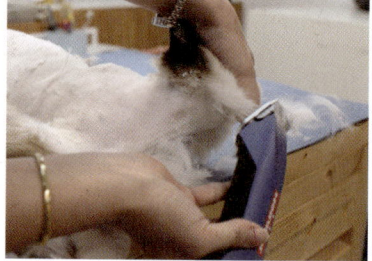

5 | 고양이 얼굴 오른쪽을 귀 뒤 라인부터 입꼬리 옆 턱까지 연결시켜 클리핑합니다.

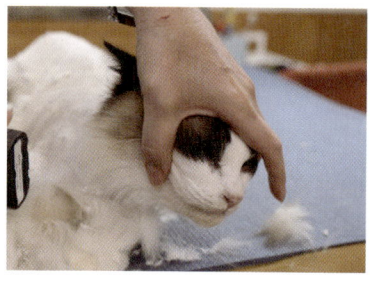 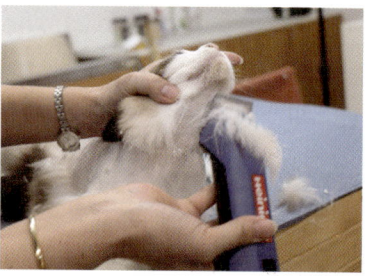

6 | 목 부위를 다 밀었으면 왼손으로 고양이의 양쪽 귀 바로 아랫부분을 잡고 얼굴을 올려줍니다.

7 | 고양이의 목에서 입 부위의 방향으로 털을 밀어줍니다. 턱드름이 심할 경우 관리를 위해서 턱 전체를 깔끔하게 클리핑해도 좋습니다.

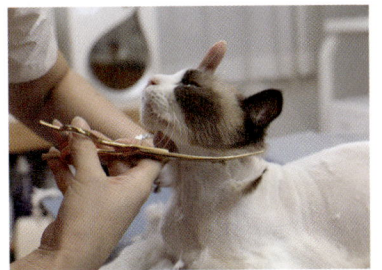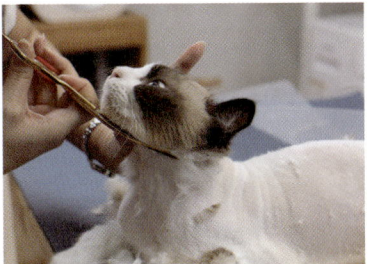

8 │ 왼손 중지와 약지로 보정을 해주고 고양이 얼굴을 살짝 들어줍니다.

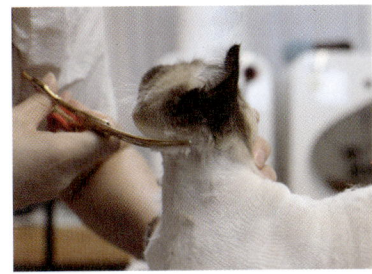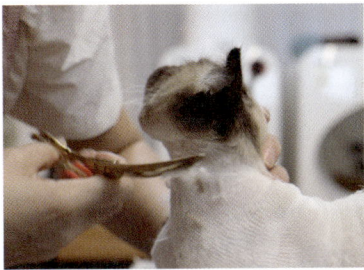

9 │ 얼굴 옆 털을 가위로 턱부터 왼쪽 귀 뒤쪽까지 연결시켜 잘라줍니다.

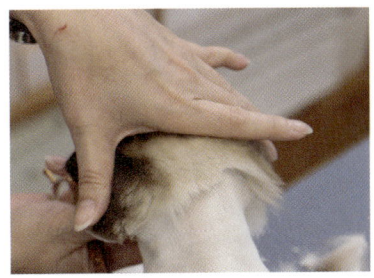

10 │ 뒤통수 털을 콤으로 잘 빗어주고 왼쪽 방향에서 오른쪽 방향(오른손잡이일 경우)으로 잘라줍니다.

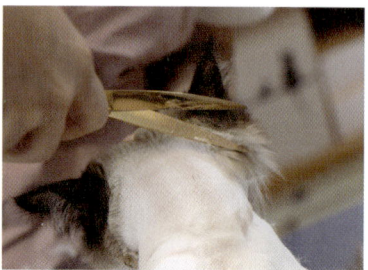

11 | 양쪽 귀 뒤쪽 털을 깔끔하게 정리합니다.

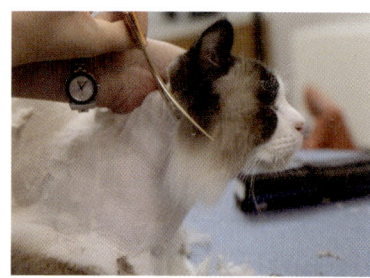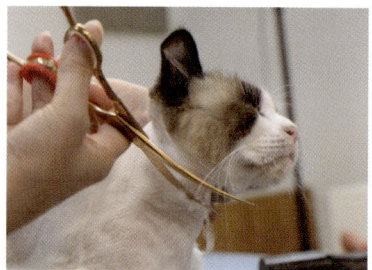

12 | 왼쪽처럼 오른쪽 볼 털도 귀 뒤부터 턱 라인까지 연결시켜 잘라줍니다.

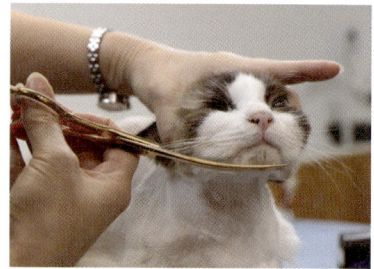

13 | 전체적으로 삐죽삐죽 나온 털이 있는지 확인 후 둥글고 말끔하게 제거해 줍니다.

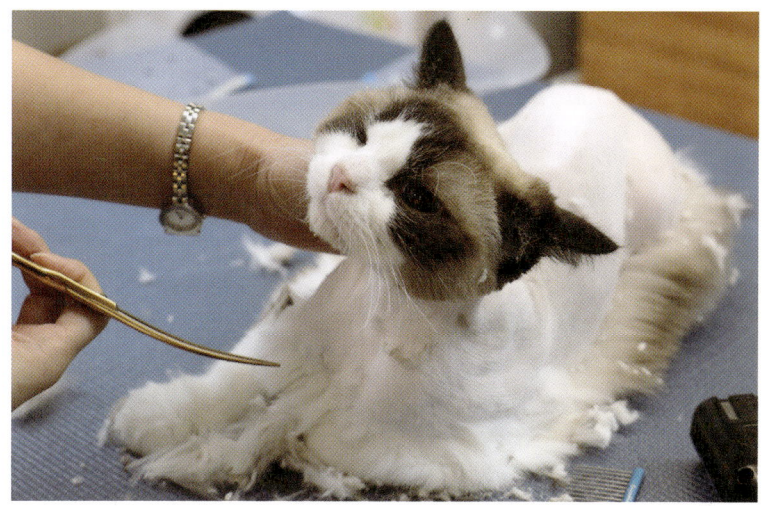

14 | 얼굴 완성

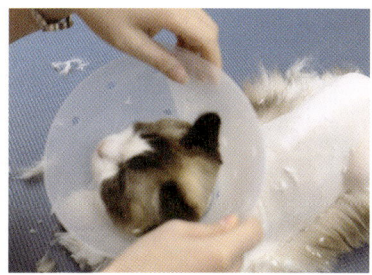

15 | 다시 넥카라를 씌워줍니다.

보정법

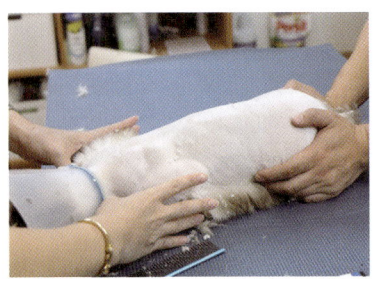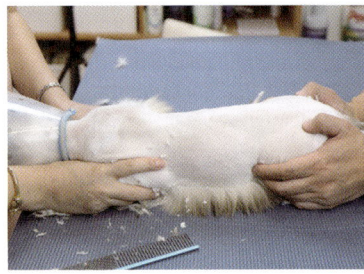

1 | 미용사가 앞다리 양쪽 견갑을 잡고 보정사가 뒷다리 허벅지를 살포시 모으듯이 잡아줍니다.

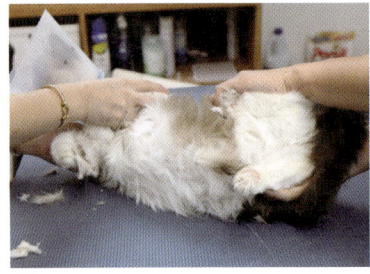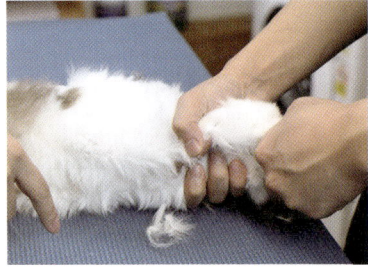

2 | 고양이 등이 미용사 기준 왼쪽을 향하도록 옆으로 눕힙니다. 보정사가 오른손으로 뒷다리를 잡아줍니다. 보정사 검지 손가락을 다리 사이로 끼우고 비절이 손바닥 가운데에 쏙 들어가도록 잡으면 살짝 잡아도 고양이도 사람도 불편함이 없습니다.

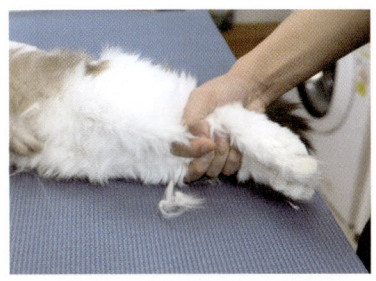

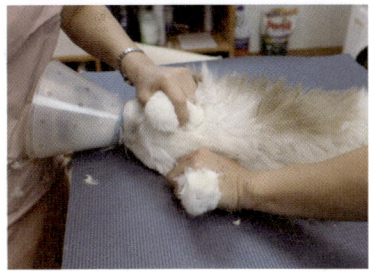
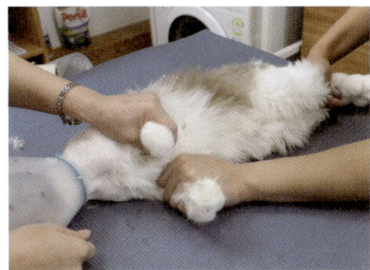

3 | 보정사가 왼손으로 고양이 오른쪽 앞다리를 잡아줍니다.

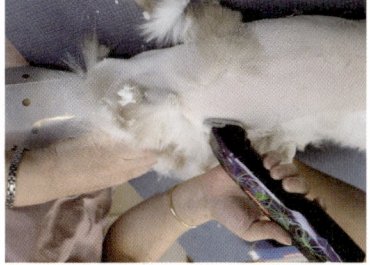

4 | 허벅지 부분부터 겨드랑이 방향으로 클리핑합니다. 왼쪽 앞다리를 최대한 접은 상태로 건갑 부분도 몸 쪽으로 밀착시킵니다. 겨드랑이 부분을 최대한 평평하게 만들어 준 다음 가슴에서 등 방향으로 밀어주면 겨드랑이 털을 쉽고 안전하게 제거할 수 있습니다.

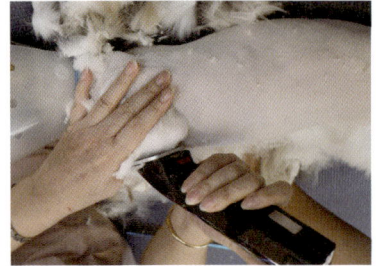

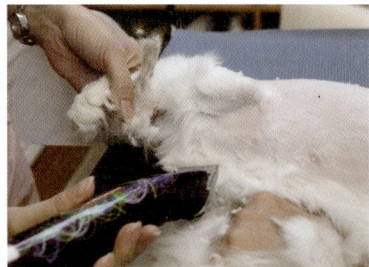

5 | 팔을 펴지 않은 상태로 팔 부분도 밀어주면 조금 편안하게 미용을 할 수 있습니다.

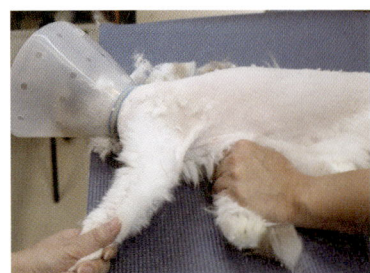

6 | 발 부분을 잡고 앞으로 나란히 하듯이 앞다리를 살짝 당겨서 조금씩 펴줍니다.

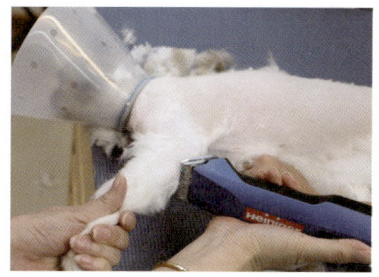

7 | 부츠 라인 윗부분의 털을 전체적으로 제거합니다.

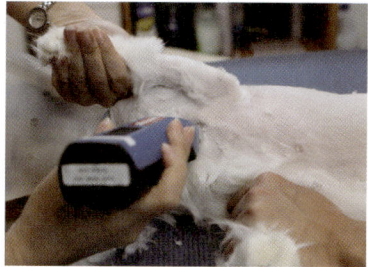

8 | 패드 윗부분 다리 쪽 털부터 부츠 라인까지 클리핑을 합니다. (정교하지 않아도 됩니다.)

부츠 만들기

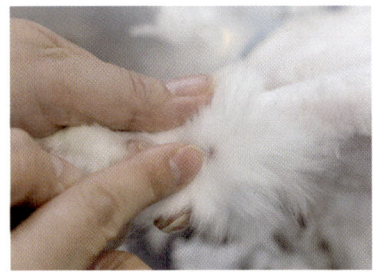

1 | 중간 클리퍼로 수근구 위쪽에 다리수염(손으로 만져보면 작은 사마귀처럼 볼록하게 만져지고 수염이 몇 가닥 있습니다. 클리퍼로 천천히 밀면 딱 걸리기도 합니다.) 부분까지 부츠 라인의 기준점을 만들어 줍니다.

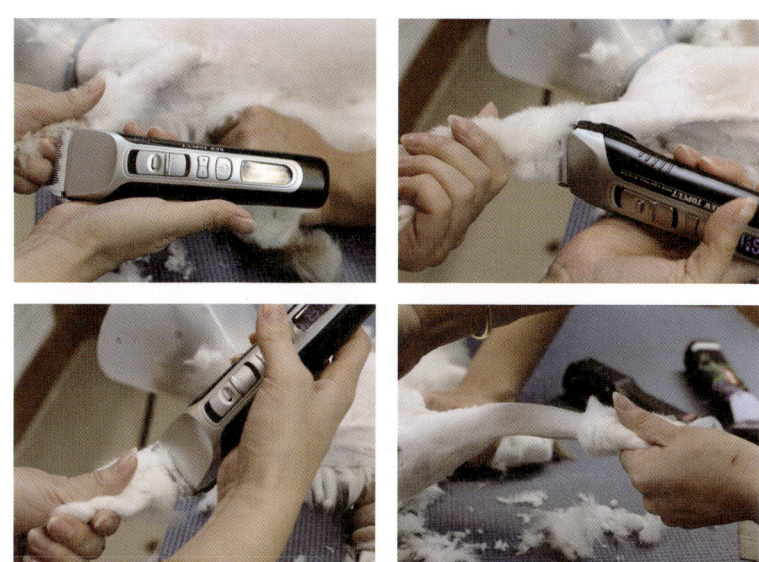

2 | 기준점까지 다리 전체적으로 클리핑을 합니다.

발바닥 밀기와 발 다듬기

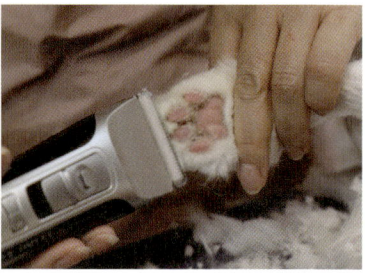

1 | 발바닥이 미용사 방향이 아닌 보정사 방향을 향하고 있는데 이때 미용사가 다리를 돌리면 안 됩니다. 미용사가 그 상태로 허리를 숙이고 얼굴을 발바닥 쪽으로 머리를 움직여서 시야 확보 후 미용을 합니다.

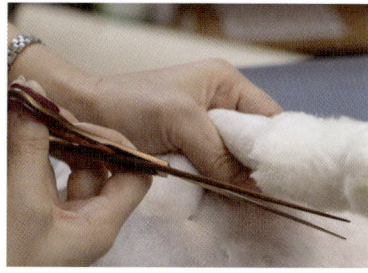

2 | 장모종 같은 경우 발가락 사이 털과 다리털이 정리가 되지 않아 삐죽삐죽 나는 털이 많습니다. 가위로 다듬어 주면 단정해집니다.

왼쪽 미용하기

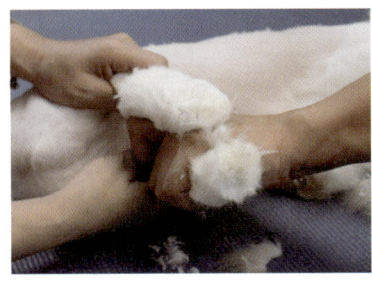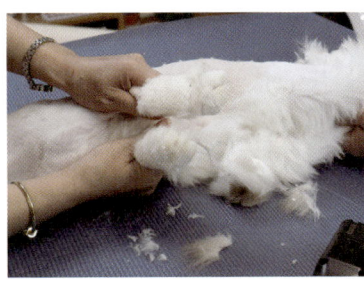

1 | 미용사는 앞다리 양쪽 견갑을 잡고 보정사는 뒷다리를 잡고 있던 오른손을 빼고 왼손으로 같은 방법으로 보정을 합니다.

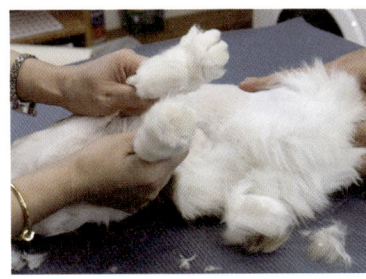

2 | 등이나 목을 들지 않고 반대 방향으로 굴리듯이 돌려줍니다.

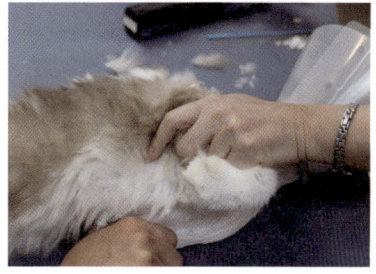 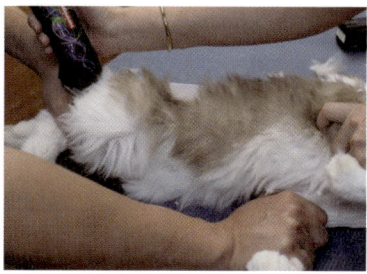

3 | 보정사는 오른손으로 고양이 왼쪽 앞다리를 잡아 보정합니다. 미용사는 고양이 왼쪽 다리를 접은 상태로 잡고 미용을 합니다. (이 상태로 보정해야 고양이가 덜 불안해하고 안정감을 가집니다.)

 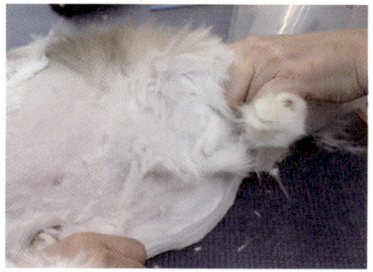

4 | 엉덩이 방향에서 머리 방향으로 클리핑합니다.

5 | 가슴과 배 쪽 미용을 할 때는 젖꼭지를 다치지 않도록 신경 써서 클리핑합니다.

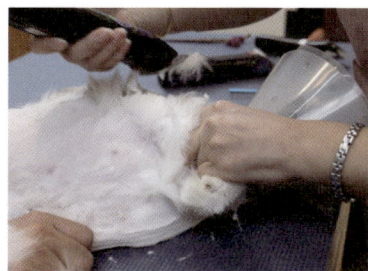 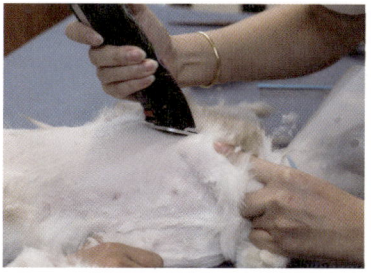

6 | 견갑과 다리를 몸 쪽으로 밀착시켜서 밀어줍니다.

7 | 겨드랑이와 견갑 부분을 클리핑합니다.

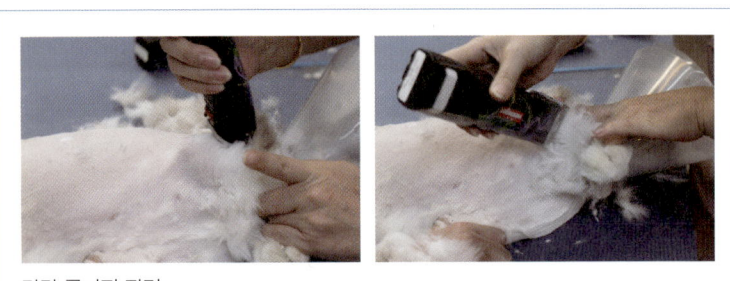

견갑 클리핑 장면

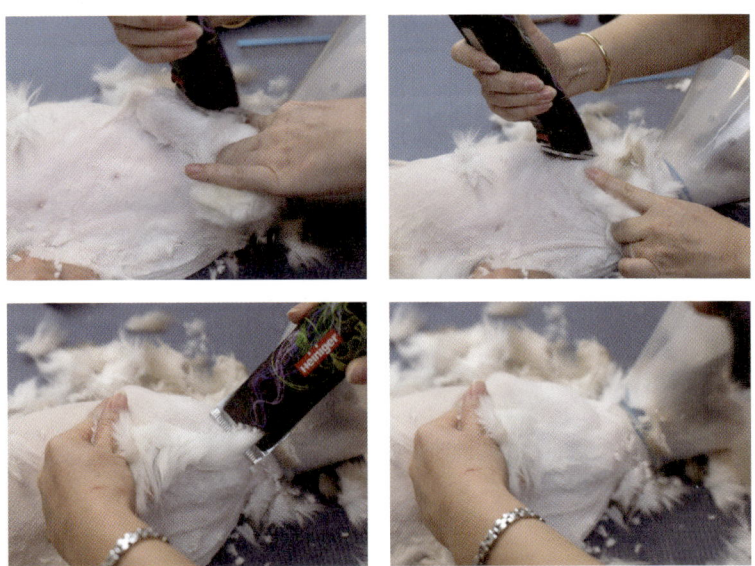

8 | 앞쪽 어깨 부분도 미용해줍니다.

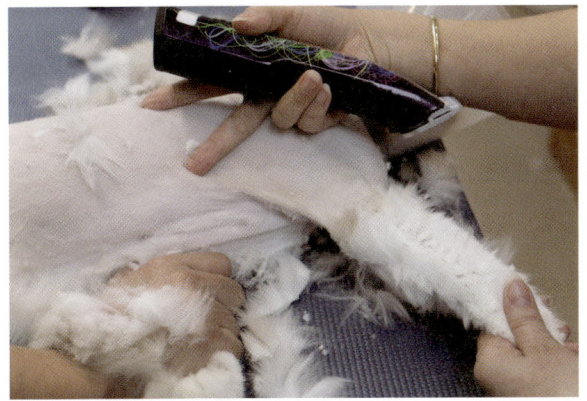

접은 상태로 미용 후 편 모습

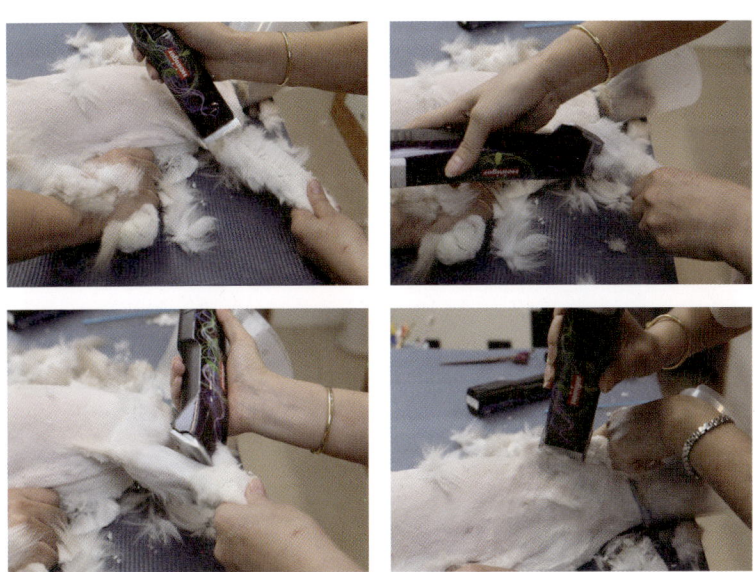

9 | 앞다리 수염 부위 주변까지 적당히 클리핑합니다.

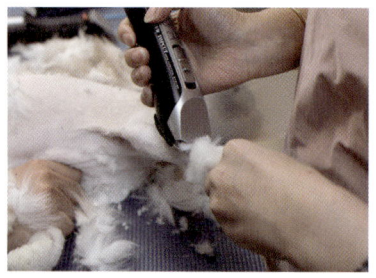

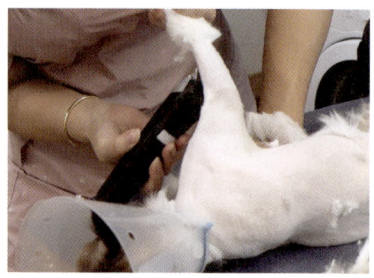

10 | 중간 클리퍼로 앞다리 수염 부분까지 부츠 기준점을 만듭니다.

11 | 다리 전체를 기준점까지 클리핑하여 부츠 라인을 만듭니다.

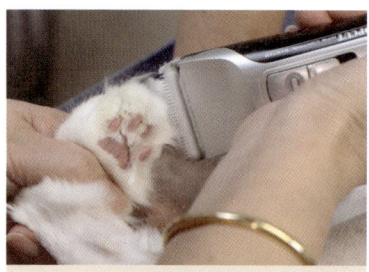

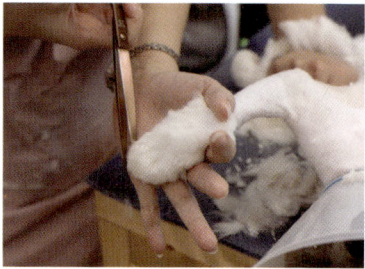

12 | 발바닥은 고양이가 편안하도록 보정 사를 향하도록 하고 발바닥을 밀어줍니다.

13 | 다듬고 싶은 털이 있다면 정리하여 줍니다.

14 │ 뒤쪽 옆쪽도 원통 모양으로 만들어 줍니다.

뒷다리 미용하기

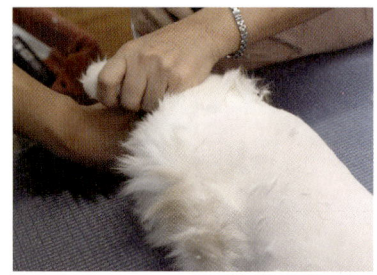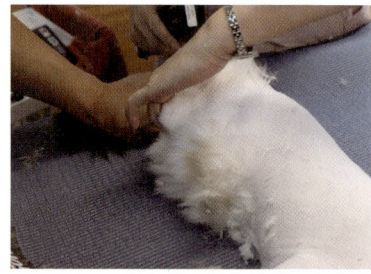

1 | 고양이를 움직이지 않고 미용사가 고양이 뒷다리 쪽으로 움직입니다.

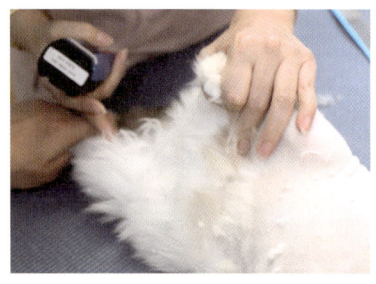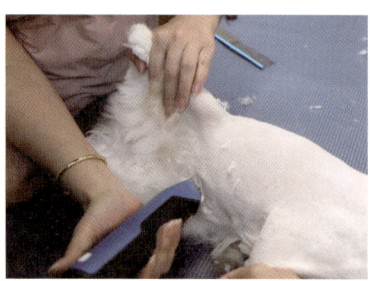

2 | 오른쪽 뒷다리를 잡고 접힌 채로 다리를 벌려 배 부위의 시야를 확보합니다.

3 | 배꼽에서 다리와 생식기 방향으로 클리 핑합니다.

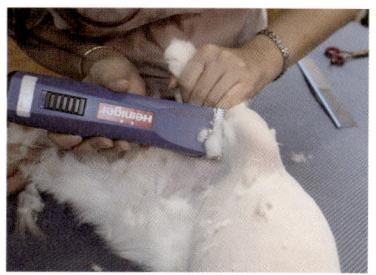 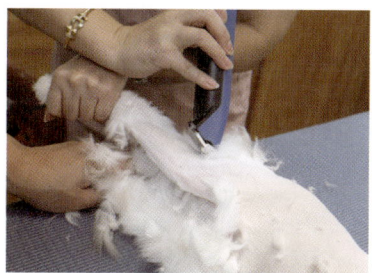

4 │ 다리를 살짝만 펴서 허벅지 안쪽을 밀어
줍니다.

5 │ 허벅지 바깥쪽을 밀 때는 벌린 다리를
다시 오므려 줍니다.

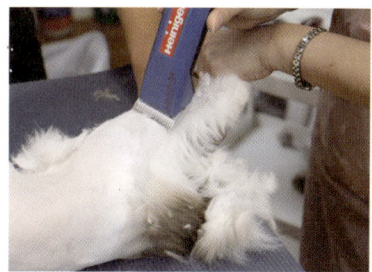 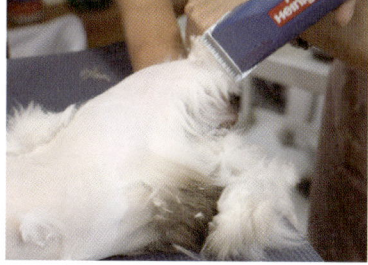

6 │ 비절 부위까지 털의 방향을 보고 역방향으로 밀어줍니다. (보통 발 쪽에서 몸 방향이 역방
향입니다.)

 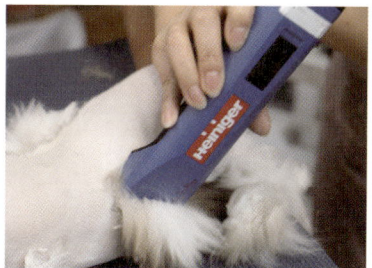

7 │ 엉덩이 부분까지 클리핑합니다.

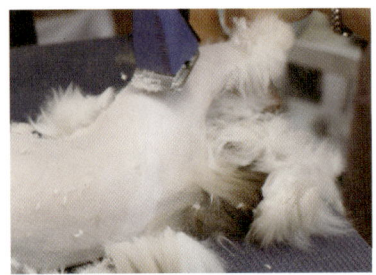

8 | 미니 클리퍼를 사용하여 정방향으로 남은 털을 정리하고 비절 부분을 기준으로 뒷다리 부츠라인을 만듭니다.

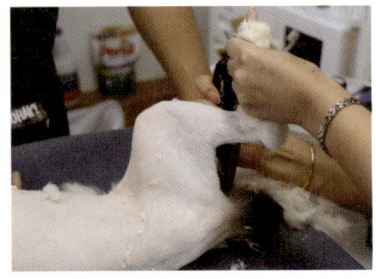

9 | 허벅지 안쪽도 깔끔하게 정리합니다.

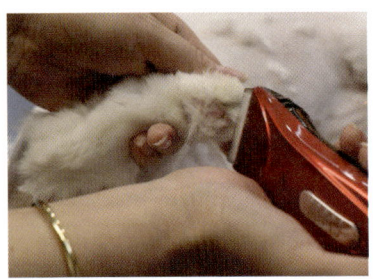

10 | 발바닥 털을 제거합니다. 발톱에서 뒤쪽 방향으로 천천히 밀어주면 쉽게 클리핑할 수 있습니다.

11 | 남은 털이 있는 경우 뒤에서 앞쪽 방향으로 한 번 더 정리합니다.

12 | 뒷다리를 접은 상태로 엄지와 검지 사이에 비절이 들어오게 잡고 살짝 다리를 올리면 생식기 부위를 쉽게 미용할 수 있습니다. 생식기를 일부 정리해주면 마무리 때 수월하게 생식기 미용을 할 수 있습니다.

13 | 발가락 사이 털을 다듬어줍니다. 뒷다리 부츠 털을 다듬을 때는 쏠개골 부위를 감싸잡으면 다리가 펴져서 안전하게 다듬을 수 있습니다.

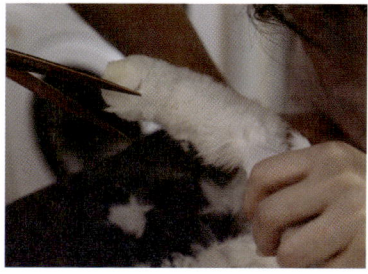

14 | 단정해 보이도록 앞뒤 양옆을 다듬어줍니다.

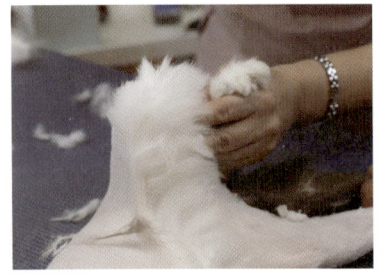
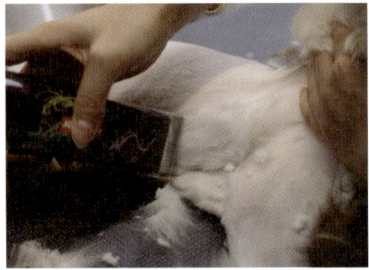

15 | 왼쪽 다리도 오른쪽과 같은 방법으로 미용합니다.

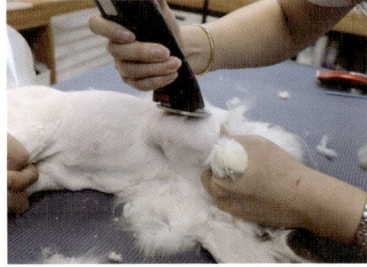

16 | 허벅지 안쪽 배를 밀고, 쓸개골 부위는 안쪽에서 바깥쪽으로 결을 보며 클리핑합니다.

17 | 허벅지 바깥쪽은 비절 부위에서 쓸개골 방향으로 클리핑합니다.

18 | 허벅지 뒤쪽(엉덩이 아래)은 엉덩이 부분에서 비절 방향으로 밀어줍니다.

19 | 다리 안쪽 덜 밀린 곳을 정리합니다.

20 | 미니 클리퍼를 이용하여 비절 부분을 기준점으로 하여 뒷다리 부츠를 만들어 줍니다.

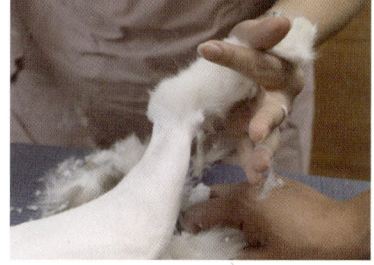

21 | 지저분한 털이 있다면 깔끔하게 정리합니다.

22 │ 발바닥을 클리핑합니다.

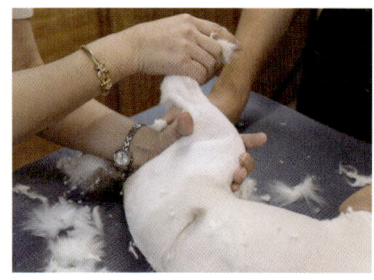 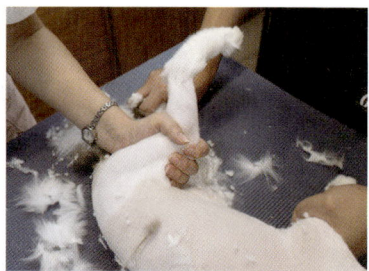

23 │ 쓸개골 부위를 감싸 잡아줍니다.　**24** │ 다리가 고정되어 펴집니다.

25 │ 원통 모양으로 부츠를 다듬어 줍니다.

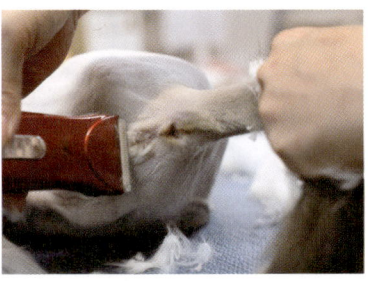

26 | 보정사가 두 뒷다리를 한 손으로 모아 잡습니다. 미용사는 꼬리를 잡고 미니 클리퍼를 이용하여 생식기를 깔끔하게 밀어줍니다.

27 | 꼬리를 조금 더 들어서 항문도 깔끔하게 정리합니다.

28 | 보정사가 고양이의 앞발과 뒷발을 잡고 있던 손을 놓으면 고양이가 엎드린 자세를 취합니다.

29 | 꼬리를 원하는 부위만큼 남기고 밀어줍니다.

장모인 경우 꼬리 끝을 다듬고 싶을 때

1 | 꼬리 끝 털 안쪽 뼈끝 위치를 파악합니
다.

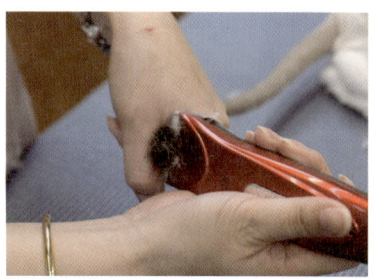

2 | 뼈끝보다 조금 더 여유 있게 털을 움켜
쥐고 털끝을 클리핑하여 잘라줍니다.

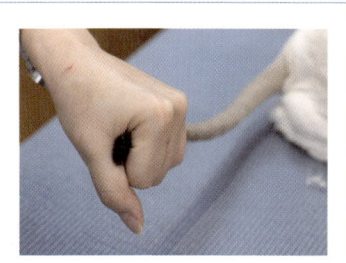

자른 후 모습

3 | 일자로 자른 모습이지만 취향대로 둥글게 방울 모
양으로 만들기도 합니다.

미용 후 목욕하기

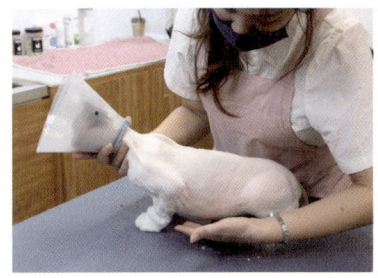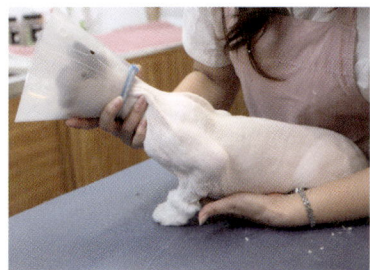

1 | 왼손 검지를 앞다리 사이 가슴에 두고 앞다리를 잡아줍니다.

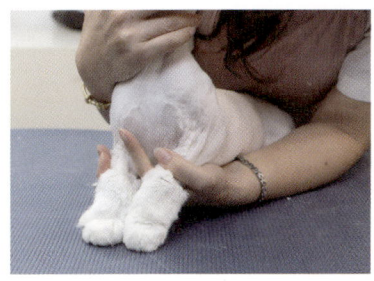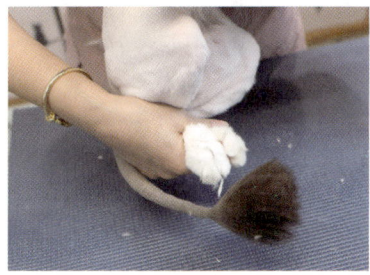

2 | 오른손으로 뒷다리도 같은 방법으로 잡고 안아줍니다.

3 | 고양이를 안정적인 자세로 안고 목욕하러 이동합니다.

4 | 샴푸를 푼 물과 깨끗한 헹굼 물을 준비합니다. 물의 온도는 약 38~40도가 적당합니다.
  ※ 혹시 곰팡이 피부병이 있는 고양이는 곰팡이 피부병에 좋은 약용 샴푸를 사용하면 좋습니다.

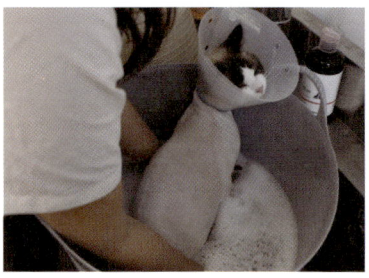

5 | 고양이가 놀라지 않도록 고양이의 뒷다리부터 천천히 담가줍니다.

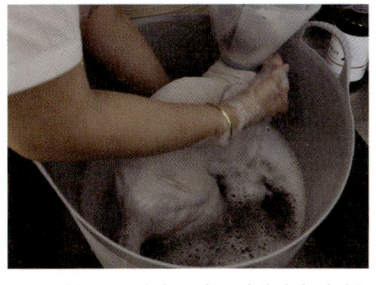 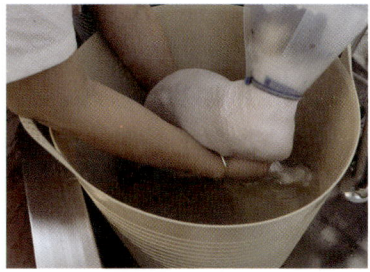

6 | 왼손으로 앞발을 잡은 상태에서 뒷발을 놓아주고, 오른손으로 샴푸를 푼 물을 이용해 고양이의 몸을 적셔주면서 깨끗이 씻겨줍니다.

7 | 깨끗한 헹굼 물로 여러 번 헹구어 줍니다.

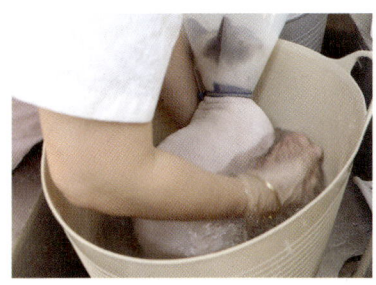 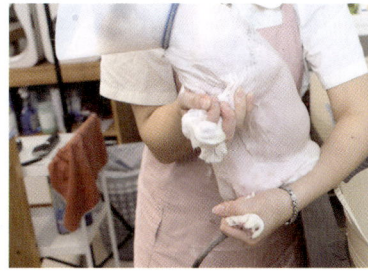

8 | 앞발과 뒷발을 잡고 미리 준비해 둔 마른 수건으로 이동합니다.

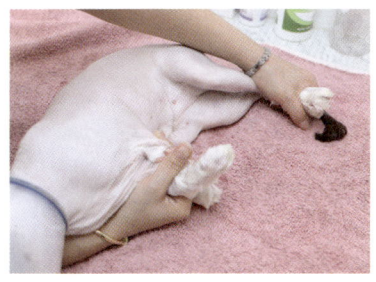 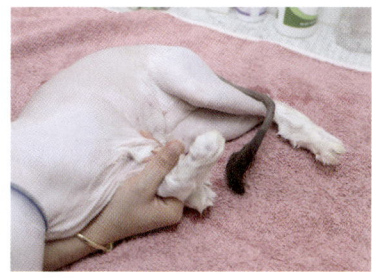

9 | 고양이를 수건 위에 천천히 내려놓고 난 후 수건으로 몸을 감싸줍니다.

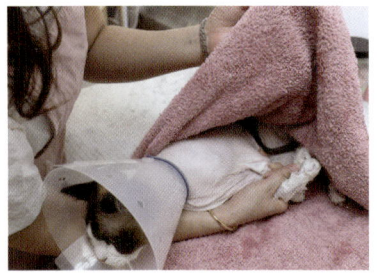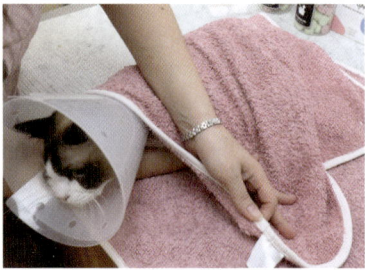

10 │ 이때 앞발을 잡은 상태로 수건을 덮어줍니다.

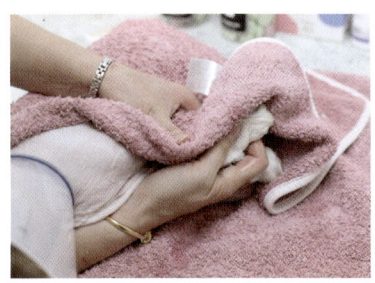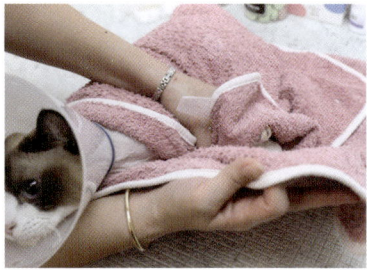

11 │ 다른 손으로 수건을 잡아 앞발을 다시 잡아주고, 아래쪽 수건을 이용해 목둘레를 감싸줍니다.

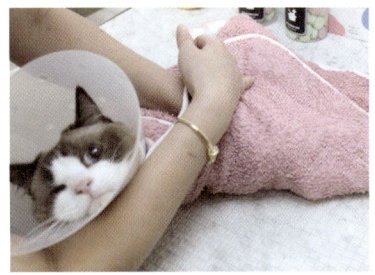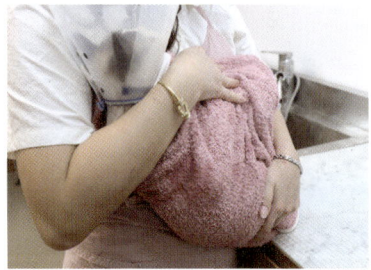

12 │ 수건으로 고양이의 몸 전체를 감싸 남은 물기를 닦아줍니다. 고양이를 안아서 닦아주어도 됩니다.

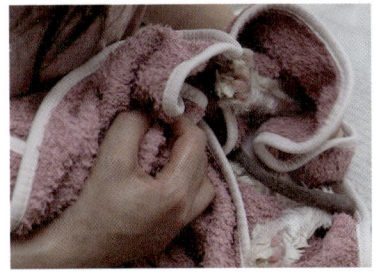
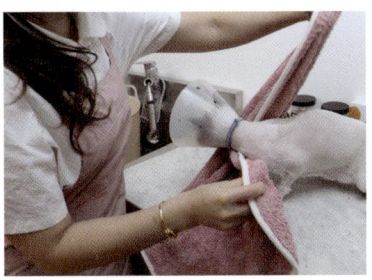

13 │ 앞발과 뒷발 그리고 꼬리 부분은 미용 후에도 털이 길어 물기가 많이 남아 있으므로 수건으로 물기를 꼼꼼히 닦아줍니다.

14 │ 물기를 꼼꼼히 닦아낸 후 수건을 이용해 머리 쪽에서 등 쪽으로 고양이의 몸을 감싸줍니다.

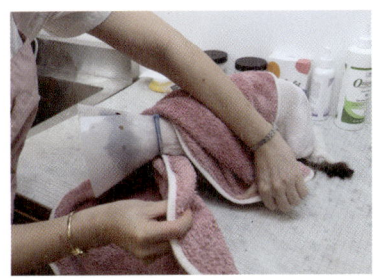
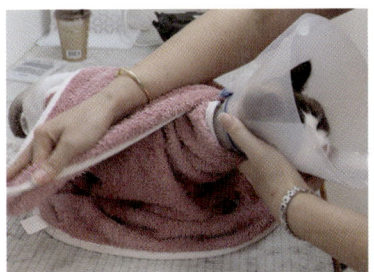

15 │ 수건을 감싼 후 왼손을 이용해 고양이의 목 부위에 수건 끝쪽을 고정하듯이 해서 잡아줍니다.

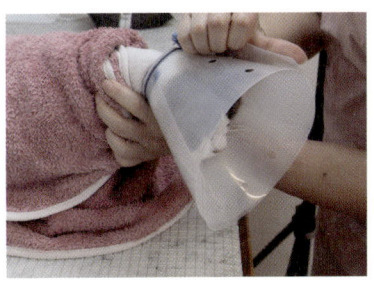
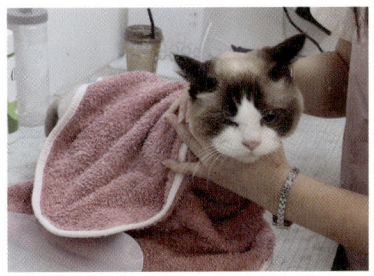

16 │ 수건을 잡은 후 고양이의 넥카라를 제거해 줍니다.

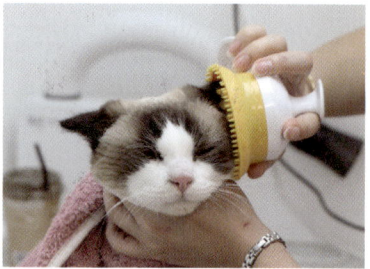

17 | 실리콘 브러시를 이용해 고양이의 머리와 양 볼의 털을 빗어서 죽은 털을 제거해 줍니다.

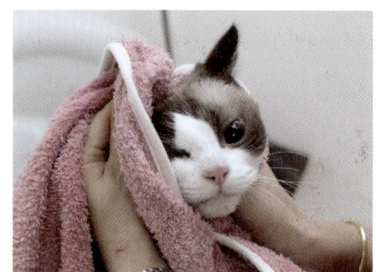

18 | 얼굴에 죽은 털 날린 것을 수건으로 닦아내듯 제거합니다.

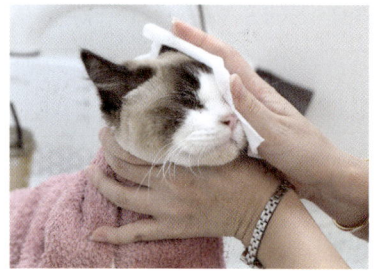

19 | 깨끗한 물수건을 이용해 고양이의 눈과 눈곱을 깨끗하게 정리해줍니다. 닦을 때 사용되는 오른손은 입의 앞쪽보다는 정수리 쪽에서 움직여 이동시키도록 합니다.

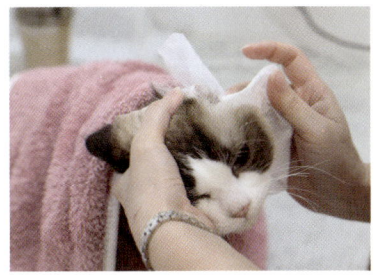

20 | 눈곱 정리 후 고양이의 양쪽 귀를 확인한 후 귀지를 닦아줍니다. 만약 귀의 안쪽까지 까맣고 이물질이 많다면 병원 진료를 받아야 합니다.

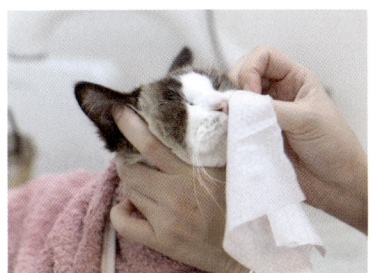

21 | 옥이는 코딱지가 잘 껴서 코딱지를 제거하고 코도 깨끗이 닦아줍니다. 턱드름도 확인 후 닦아줍니다.

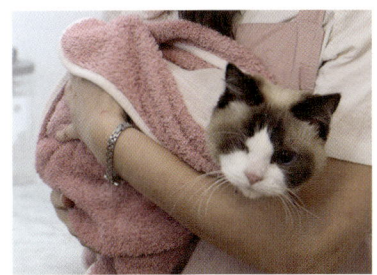

22 | 필요시 수건으로 감싸 안고 드라이룸으로 이동합니다.

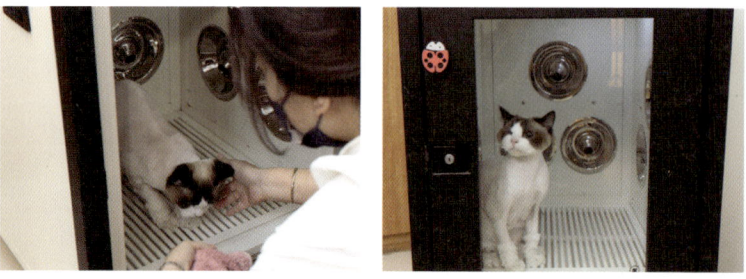

23 | 수건을 빼고 고양이만 드라이룸에 넣어줍니다. 드라이룸 설정 온도를 30도로 맞추고 10~15분 정도 드라이합니다.

미용 및 목욕 후

PART 5

품종별 미용 방법
메인쿤, 브리티시롱헤어, 샴

고양이 이름 호랑(4세, 수컷)

고양이 품종 메인쿤

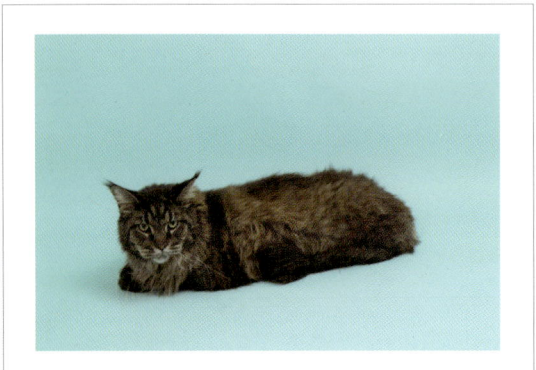

반려묘의 미용 전 모습

메인쿤 - 라이언컷 미용하기

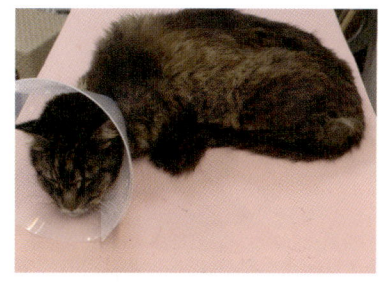

1 | 등을 견갑 라인까지 클리핑합니다.

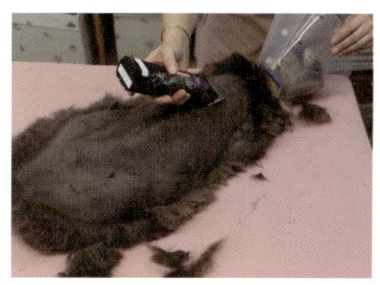
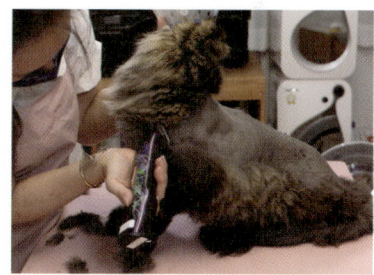

2 | 견갑과 앞가슴(전흉부)까지 클리핑합니다.

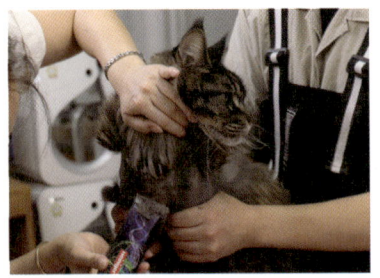

3 | 오른쪽과 왼쪽이 동일하게 균형을 맞춰
줍니다.

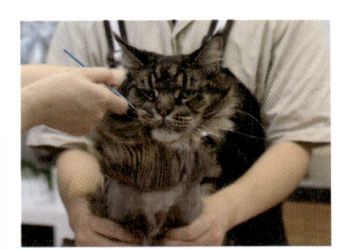

가슴 완성된 모습

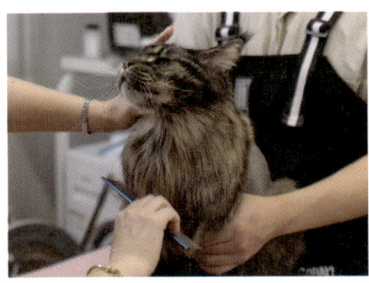

4 | 콤을 이용하여 빗어줍니다.

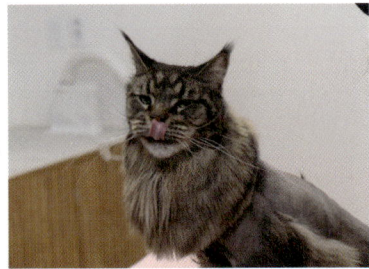

5 | 털이 고르지 못한 부분이 있다면 가위로
다듬어 줍니다. (위 사진은 민가위를 사
용하였으나 커브 가위나 숱가위 등 편한
도구를 선택하면 됩니다.)

앞 측면 모습

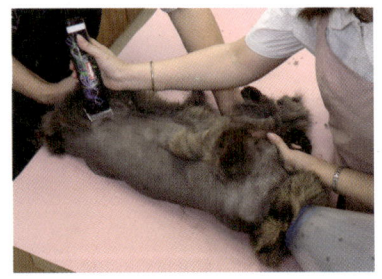

6 | 옆으로 눕힌 다음 턱업 부분부터 겨드랑
이 부분까지 클리핑합니다.

 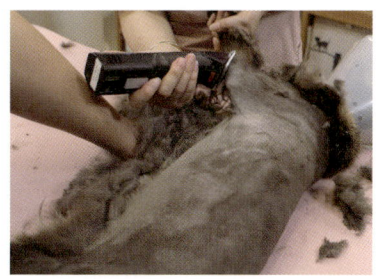

7 | 겨드랑이는 피부가 매우 얇아서 다치기 쉽기 때문에 다리를 접어서 상완골을 이용하여 클리핑을 합니다.

8 | 겨드랑이를 민 다음 그 자세로 견갑 부분까지 클리핑한 후에 다리를 펴주면서 앞다리 수염 부분을 기준으로 상완골, 척골, 요골 부분까지 클리핑합니다.

 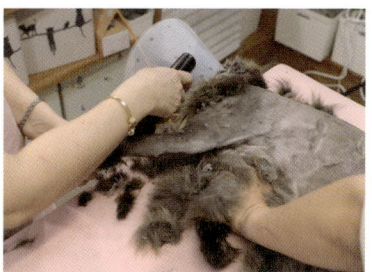

9 | 요골, 상완골(다리 앞쪽) 부분은 발에서 목 방향(역방향)으로 클리핑합니다.

10 | 중간 클리퍼(기본 날을 제일 길게에서 1~2칸 내린 상태)로 가슴에서 발 방향 (정방향)으로 잔털을 다듬어 주면서 부츠 라인을 깔끔하게 정리합니다.

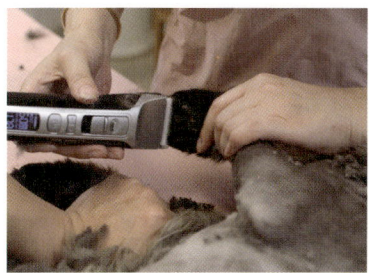 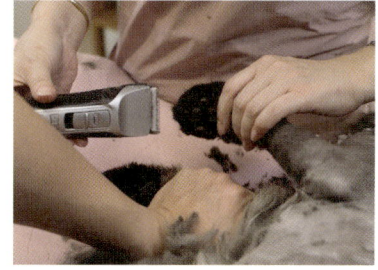

11 | 중간 클리퍼 날 길이를 제일 짧게 조절한 후 발바닥 털을 밀어줍니다.

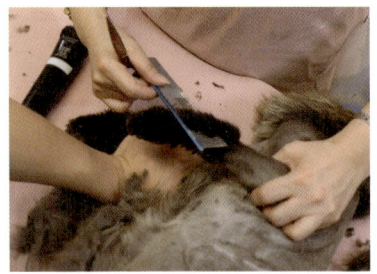

12 | 콤을 이용하여 빗질을 한 후

13 | 지저분한 털이 있을 경우 가위로 깔끔하게 다듬어 줍니다.

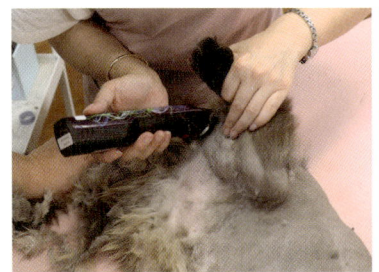

14 | 배 부분도 다리를 접은 상태에서 배와 허벅지 안쪽 부분을 클리핑합니다.

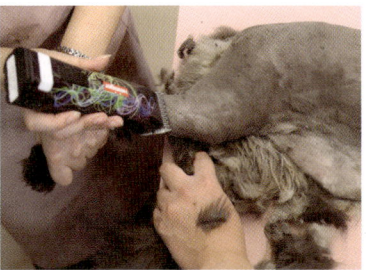

15 | 허벅지 바깥쪽은 서 있을 때의 자세처럼 펴준 다음 역방향으로 클리핑합니다.

16 | 비절 부분까지(대퇴골, 경골, 비골) 밀어줍니다.

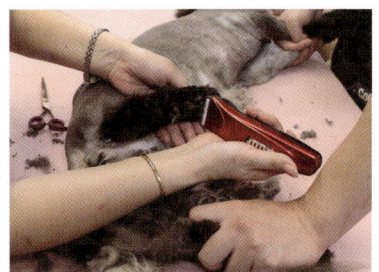

17 | 뒤 발바닥을 밀어줍니다.

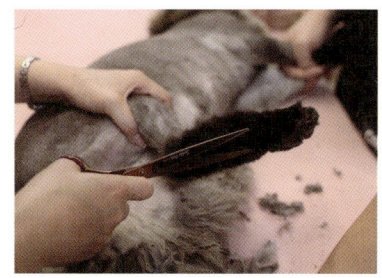

18 | 뒷다리 부츠를 다듬어 줄 때 슬개골 부위를 잡고 보정 후 다듬으면 안정적으로 다듬을 수 있습니다.

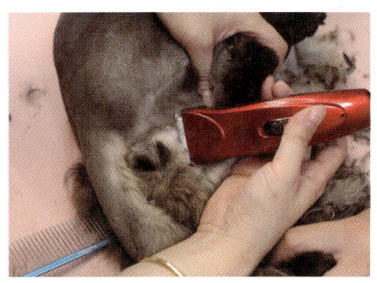

19 | 생식기 부분은 중족골을 검지에 보정 후 털을 정리하면 안전하게 할 수 있습니다.

완성된 모습

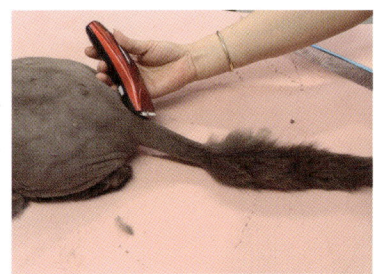

20 | 보정사가 고양이의 앞발과 뒷발을 잡고 있던 손을 놓으면 고양이가 엎드린 자세를 취합니다. 이 상태에서 미니 클리퍼를 사용해 정방향으로 밀어줍니다.

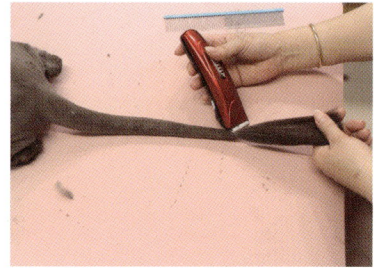

21 | 꼬리 끝을 남기고 싶은 만큼 정하고 단정하게 정리합니다.

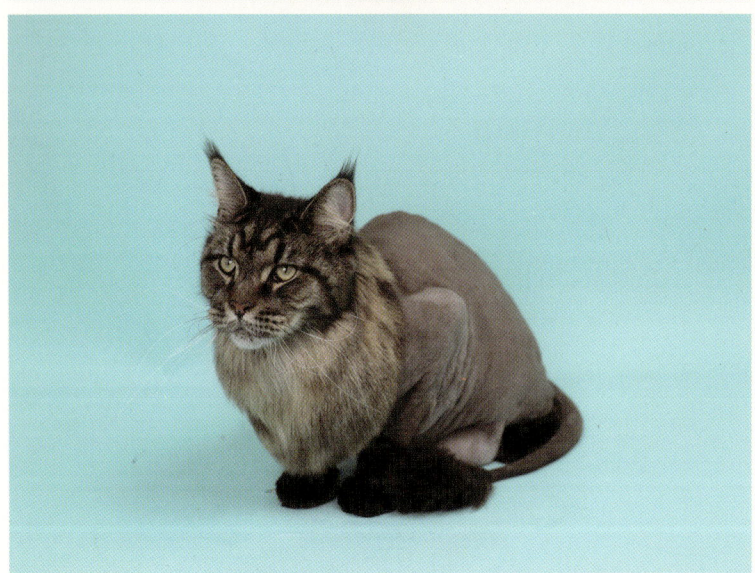

미용 후

171

고양이 이름 맨옥(5세, 암컷)
고양이 품종 브리티시 롱헤어

반려묘의 미용 전 모습

브리티시롱헤어
- 4F, 10F 미용하기

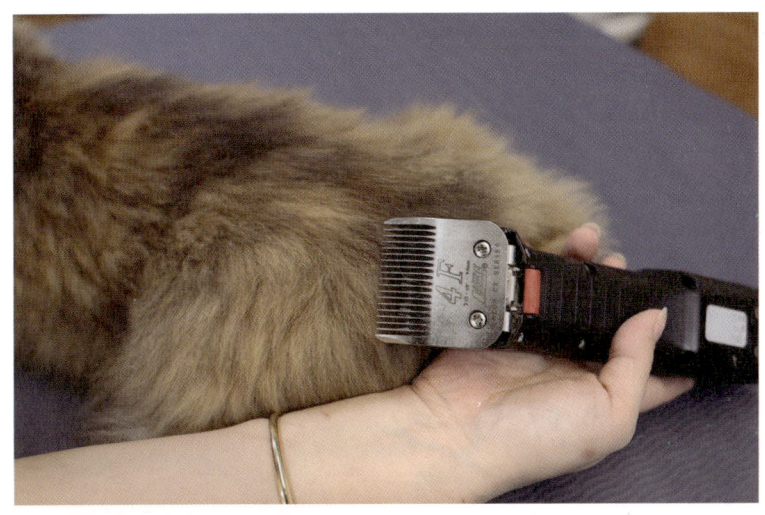

맨옥이는 클리퍼 날을 4F로 클리핑하였을 때 모습과 10번으로 클리핑하였을 때 모습을 비교하여 보실 수 있습니다.

4F 역방향 미용 완성 모습

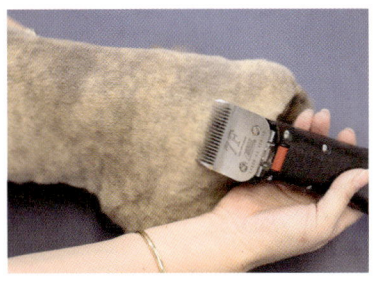
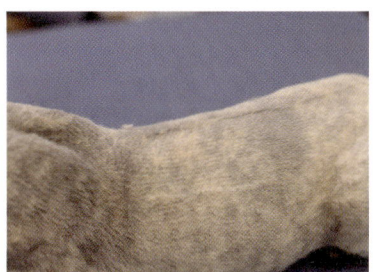

4F로 민 털을 7F로 밀었을 때 털 길이 차이
비교

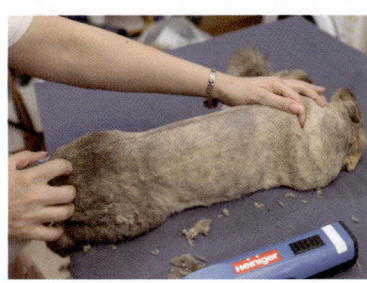

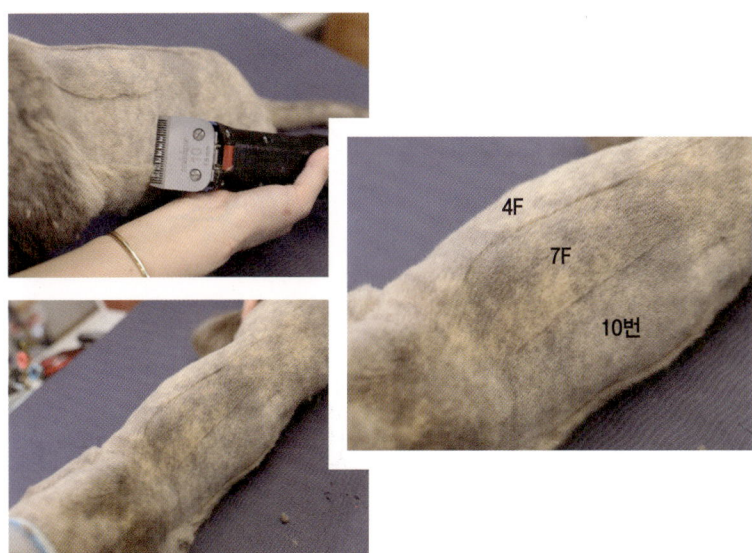

4F

7F

10번

7F, 4F 10번 털 길이 비교

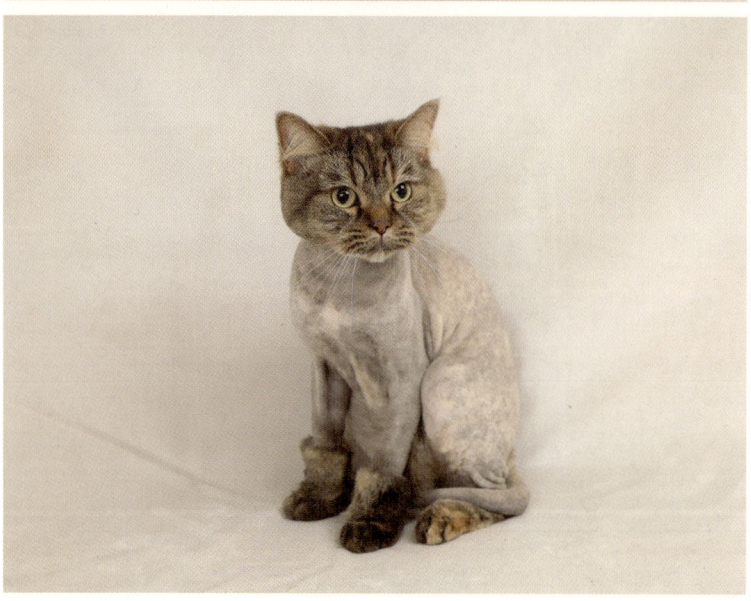

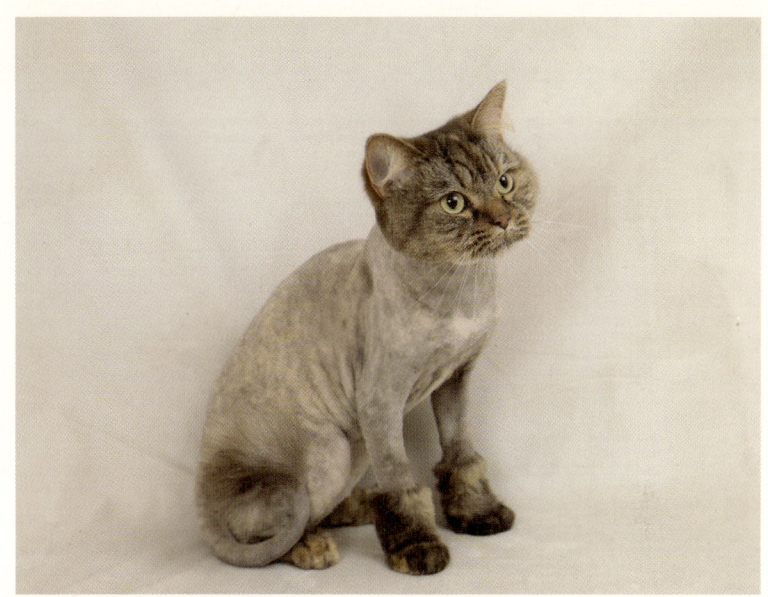

10번으로 미용 후 완성컷

고양이 이름 탕(5세, 암컷)

고양이 품종 샴

반려묘의 미용 전 모습

샴 미용하기

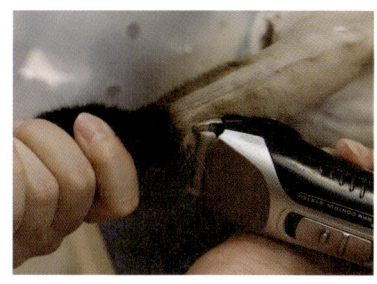

앞다리 수염을 기준으로 부츠를 만든 모양

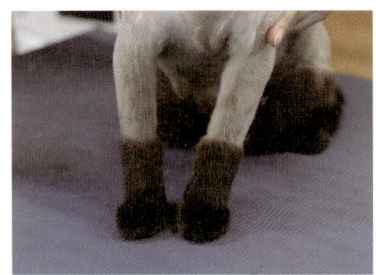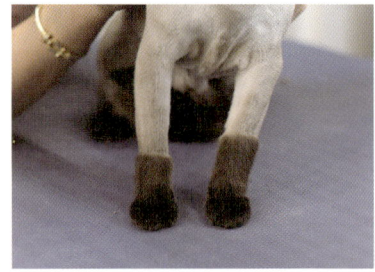

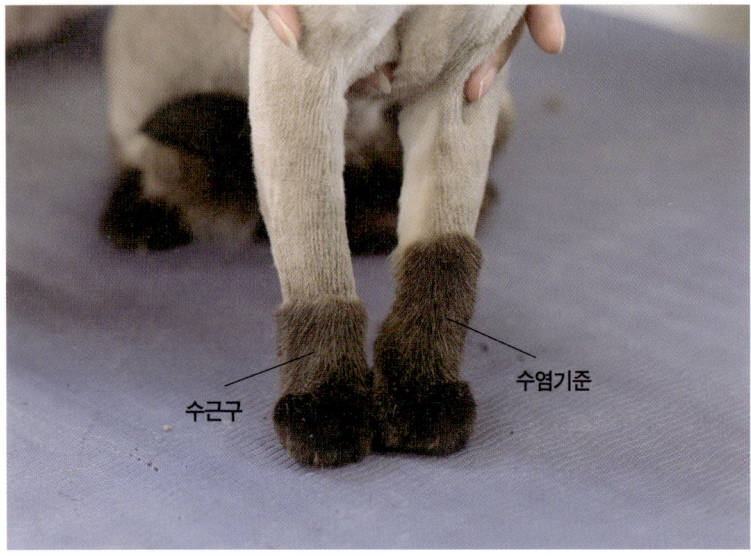

수근구를 기준으로 부츠를 만든 모습과 앞다리 수염을 기준으로 부츠를 만든 모습의 길이 차이 비교 모습(수근구 기준이 더 짧습니다.)

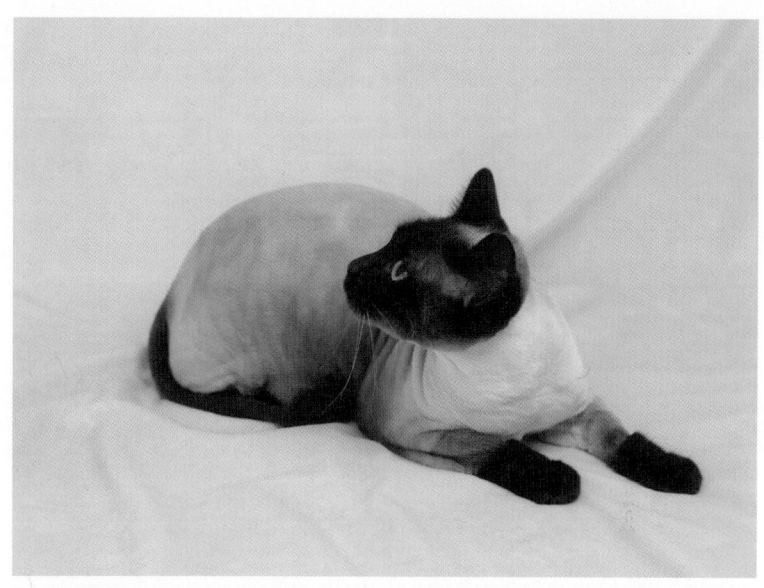

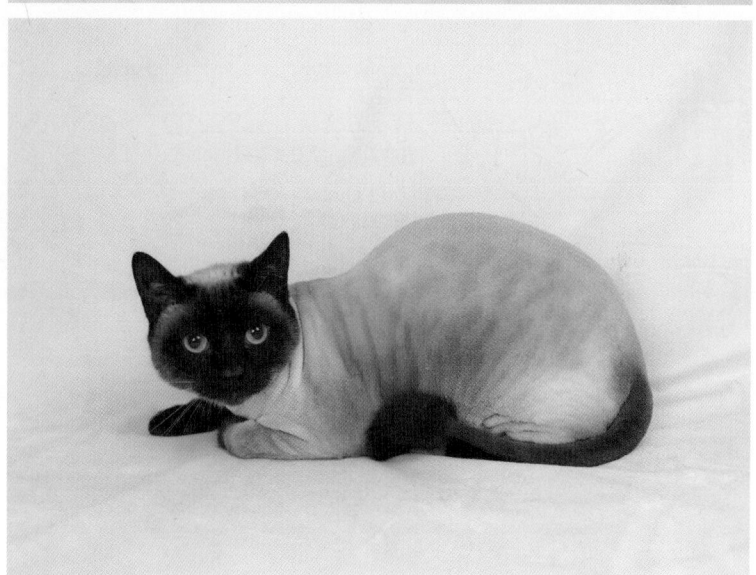

미용 후

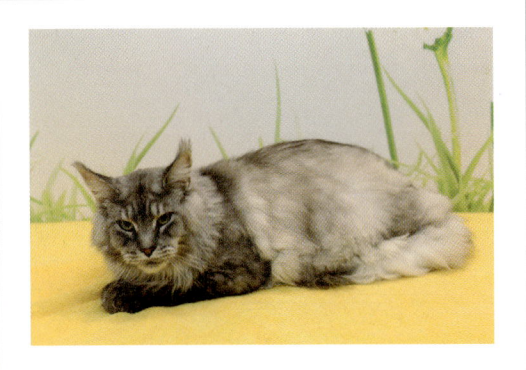

목욕 전

메인쿤 목욕
- 부분 미용과 목욕만 하는 경우

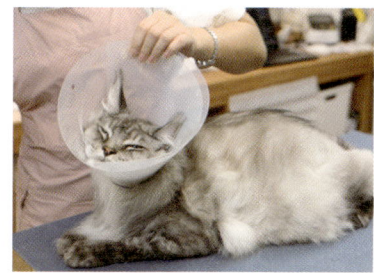

1 │ 넥카라를 씌워줍니다.

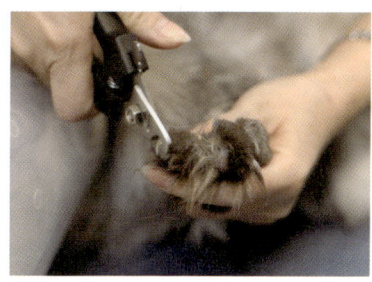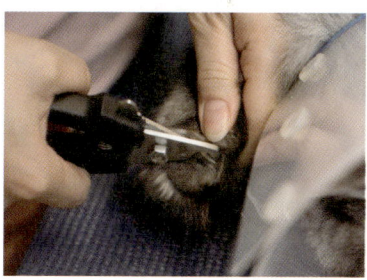

2 │ 앞 발톱 5개씩, 뒤 발톱 4개씩 모두 깎아줍니다.

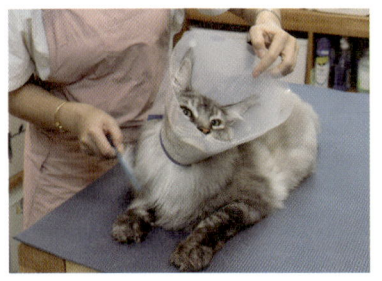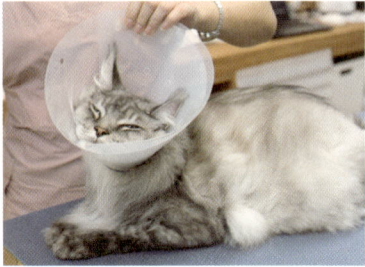

3 | 콤으로 빗질을 꼼꼼히 해줍니다. 등 →목 →겨드랑이 →배 →엉덩이 →꼬리 →다리

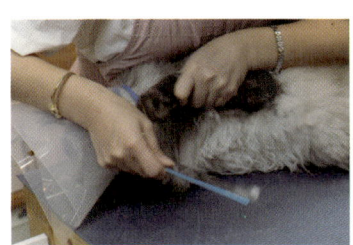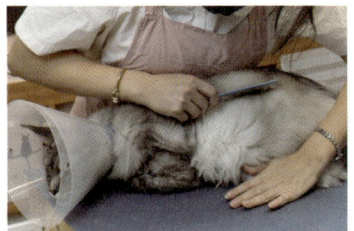

겨드랑이 빗는 모습

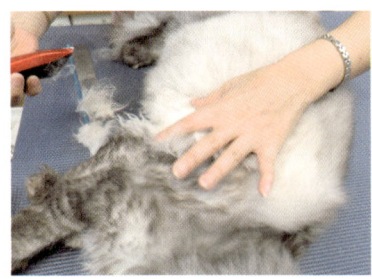

4 | 빗질을 하다가 겨드랑이에 엉킨 부분
이 발견되어 제거해 주었습니다.

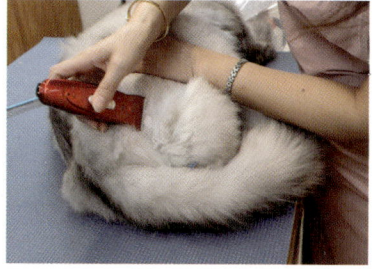

5 │ 빗질을 하면서 구석구석 꼼꼼히 엉킨 부분을 확인합니다. 엉덩이 부분에 엉킨 부분이 확인되어 미니 클리퍼로 제거해 주었습니다. (항문까지 부분 미용을 합니다.)

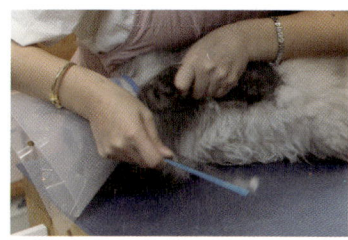

엉킨 털이 제거된 모습

전체적으로 엉킨 부위가 너무 많을 경우에 엉킨 털을 제거하다 보면 남는 털이 별로 없어 모양이 예쁘지 않기 때문에 전체 미용을 권유합니다. 그 방법이 고양이가 덜 스트레스 받습니다.

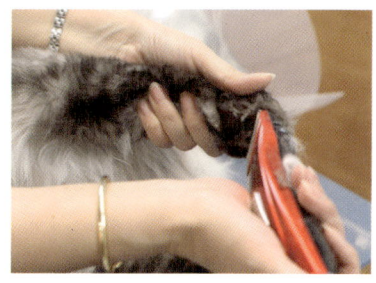

6 │ 네발 모두 발바닥 털도 제거해 줍니다.

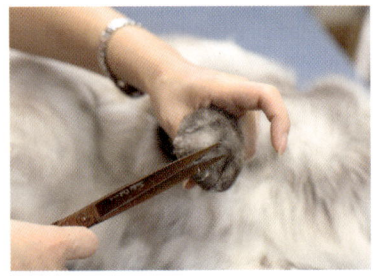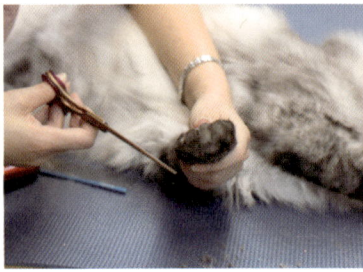

7 │ 삐죽삐죽 지저분한 털은 다듬어 주면 깔끔하게 보기 좋습니다.

8 │ 맑은 헹굼 물과 탄산스파 입욕제 물을 준비합니다.

9 │ 거품기를 사용하여 거품 샴푸로 몸을 깨끗이 마사지하듯이 문질러 줍니다.

　* 이때 거품기 사용 시 자동거품기의 경우 수압이 강하므로 고양이 몸에 직접 발사하
　　지 않습니다. 고양이 옆쪽 바닥을 향하여 거품을 만들어 주거나, 따로 바가지 같은
　　용기에 거품을 만들어도 좋습니다.

　** 피부병이 있을 경우 피부병에 좋은 약용 샴푸를, 비듬이 심할 경우 비듬 샴푸 이용
　　을 권장합니다.

　*** 샴푸와 물의 비율은 1:9 정도로 하며 물의 온도는 40도 정도로 따끈한 물로 만들어
　　줍니다.

 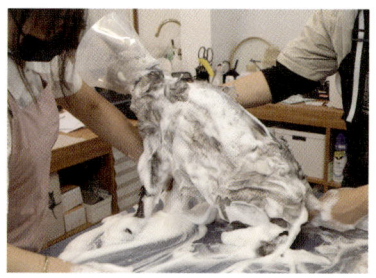

10 │ 전체적으로 구석구석 깨끗이 문질러 주면 피지와 먼지가 깨끗하게 제거됩니다.

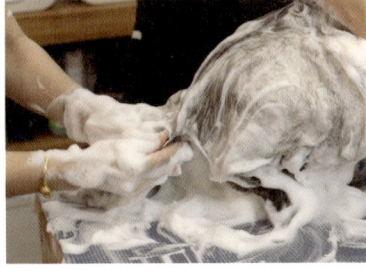

11 | 이때 꼬리를 더욱 신경 써서 문질러주어야 합니다. 고양이는 그루밍을 잘하지만 목욕을 자주 하지 않기 때문에 피지가 생각보다 많습니다. 샴푸가 깨끗이 안 될 경우 드라이를 하고 난 후에도 덜 닦인 느낌이 납니다.

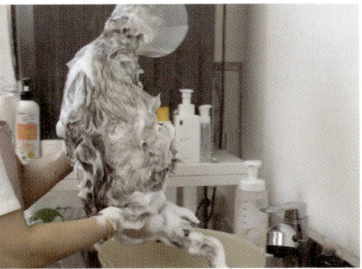

12 | 앞다리를 모아 가슴을 받쳐주고 뒷다리도 모아 엉덩이를 받쳐준 상태로 헹굼 물로 이동합니다.

13 | 물에 닿을 때 고양이가 놀라지 않도록 꼬리와 엉덩이 부분부터 천천히 담가 줍니다.

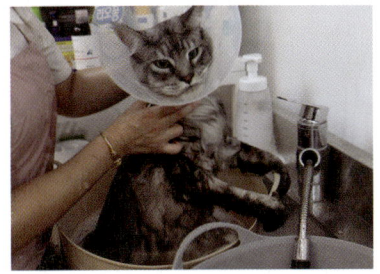

14 | 헹굼 물에 거품이 나오지 않을 때까지 완전히 깨끗하게 헹구어 준 후 탄산스파 입욕제 물로 옮겨주고 약 7~15분간 입욕제 물이 흡수되도록 계속 물을 적셔 줍니다. 입욕제의 효과는 피부의 보습과 털을 부드럽게 하는 트리트먼트의 효과가 있습니다.

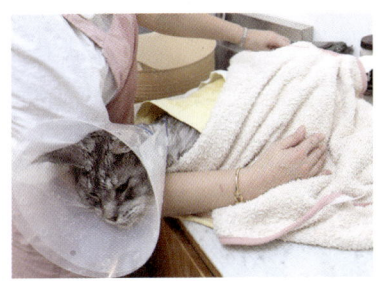
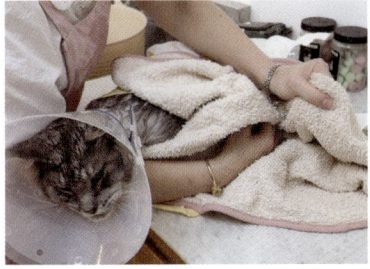

15 | 헹굼이 끝난 후 마른 수건으로 물기를 최대한 제거합니다.

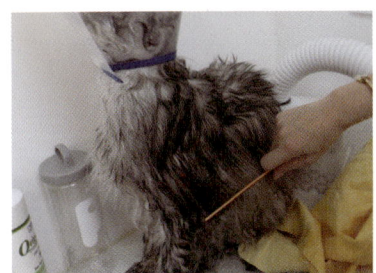
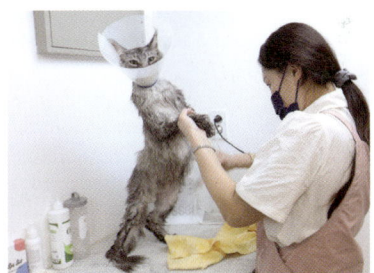

16 | 물기 제거 후 드라이 하기 전에 콤으로 빗질을 해주면 드라이 시간을 줄일 수 있습니다.

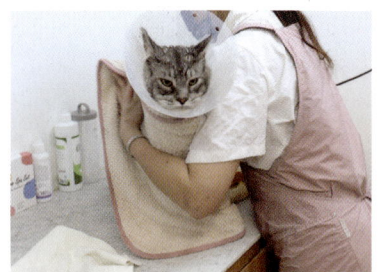
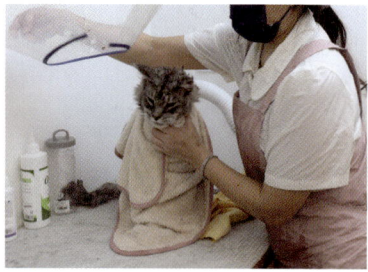

17 │ 다시 사용했던 수건으로 가슴에서 등 방향으로 수건을 턱받이 하듯이 감싸줍니다. 이렇게 하면 혹여라도 앞발로 냥펀치 하는 것을 방지할 수 있으며 머리 죽은털을 제거하면서 빠진 털이 몸에 묻지 않도록 해줍니다.

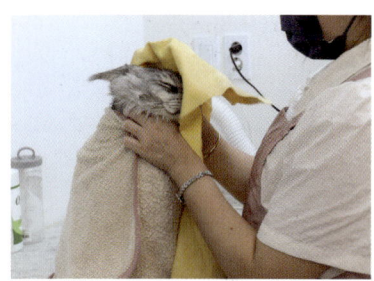

18 │ 깨끗한 수건으로 눈과 눈곱, 귀, 입, 턱 등을 깨끗이 닦아줍니다.

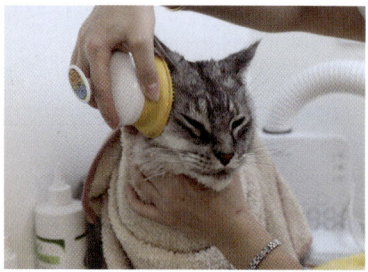

19 │ 죽은 털 제거가 용이한 실리콘 브러쉬로 머리와 볼에 있는 털을 브러싱 해줍니다.

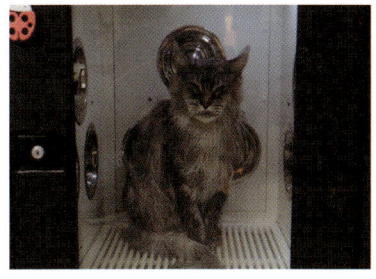

20 | 장모종이므로 드라이룸에서 20~30분 정도 1차 드라이를 해줍니다.

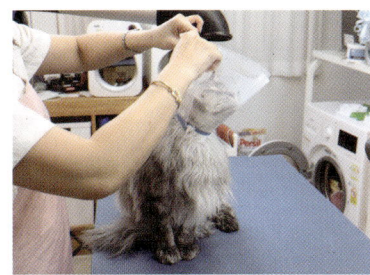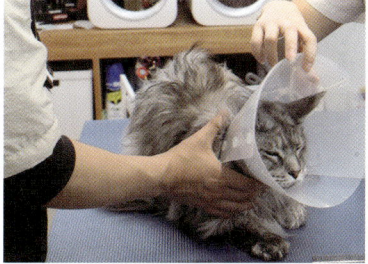

21 | 드라이룸에서 나온 후 2차 드라이를 하기 전 넥카라를 씌워줍니다. 얼굴에 드라이 바람 맞는 것을 방지해 줍니다.

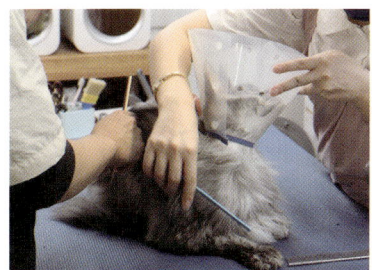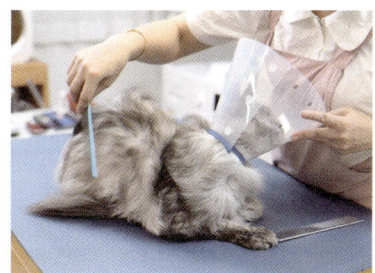

22 | 동물용 드라이어로 드라이를 합니다. 이때 콤을 이용하여 빗질을 꼼꼼히 하며 드라이를 해줍니다.

목욕 후

PART 6

미용 전후 사진
장모

고양이 이름 아랑(3세, 수컷)

고양이 품종 메인쿤

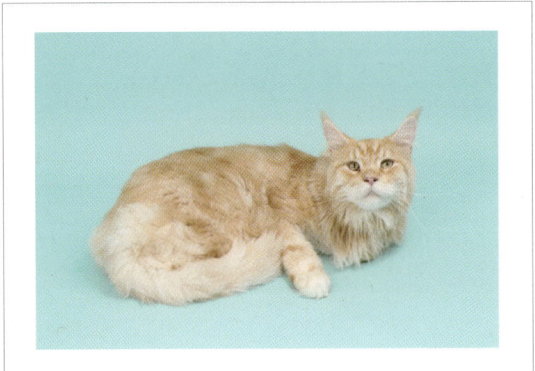

반려묘의 미용 전 모습

메인쿤 - 아랑

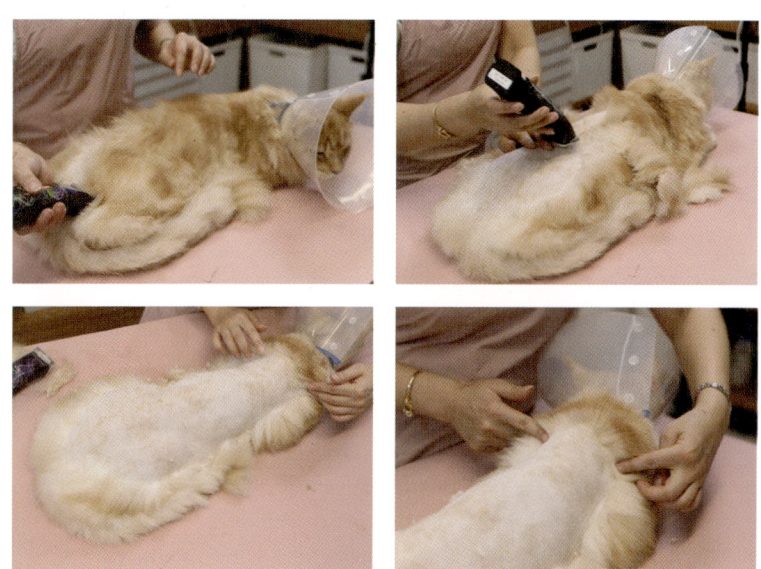

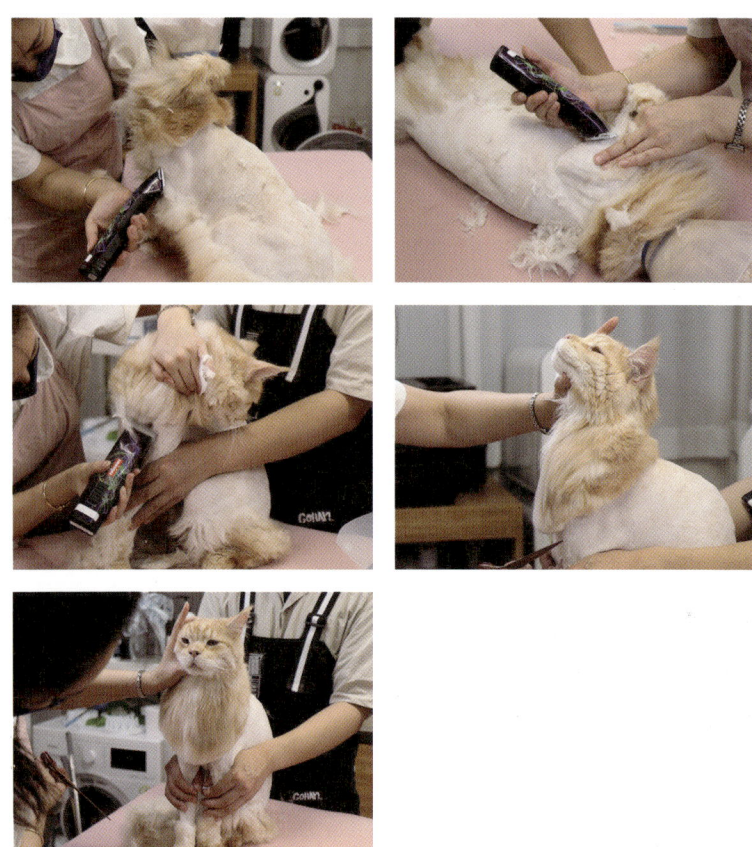

라이언컷 미용 과정

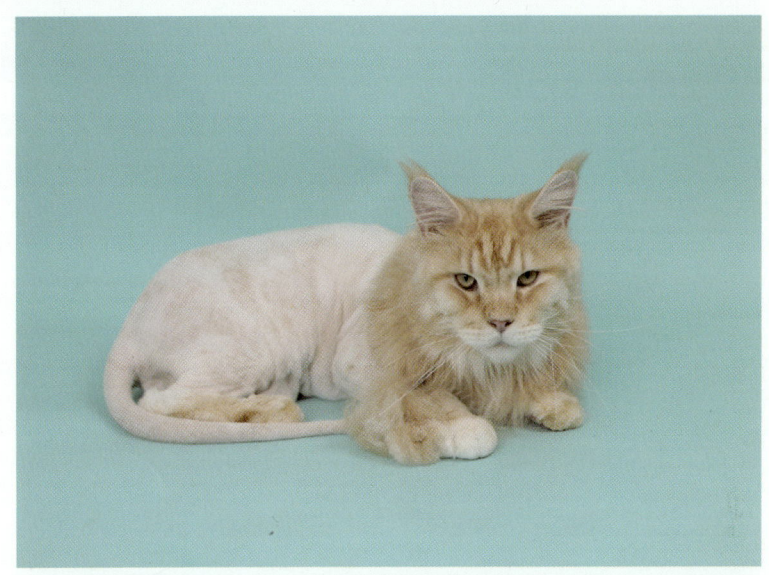

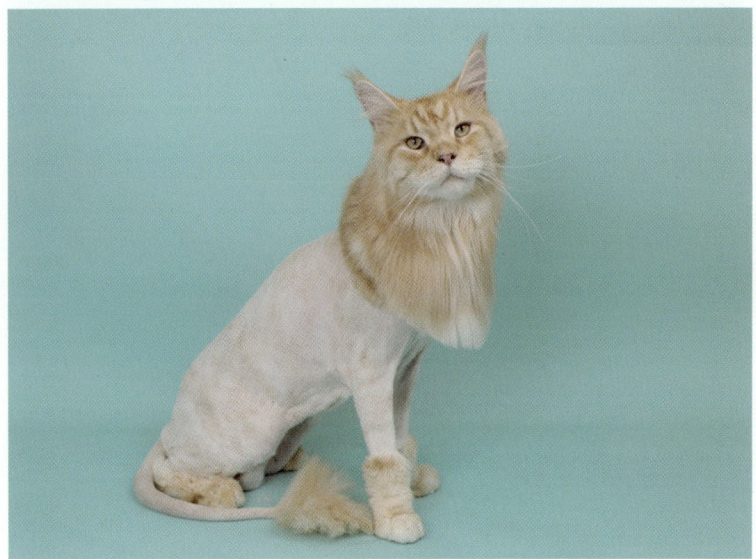

미용후

고양이 이름 호랑(4세, 수컷)
고양이 품종 메인쿤

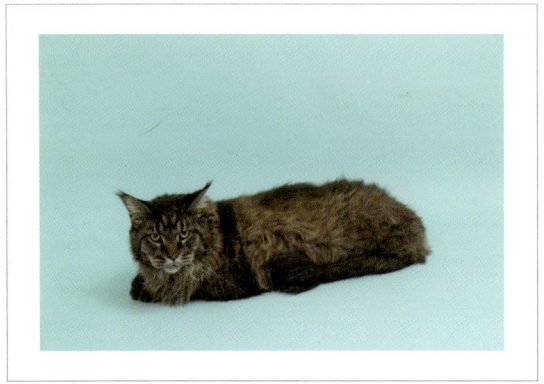

반려묘의 미용 전 모습

메인쿤 - 호랑

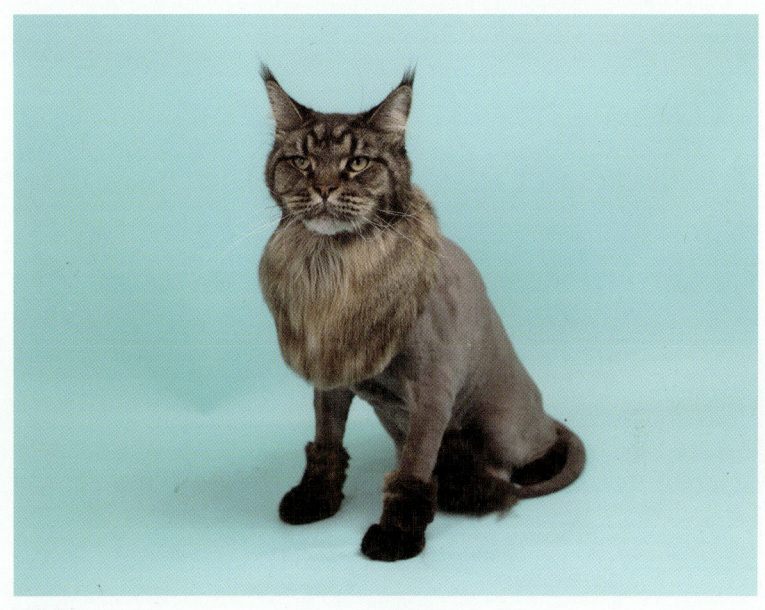

미용 후

고양이 이름 심바(3세, 수컷)

고양이 품종 메인쿤

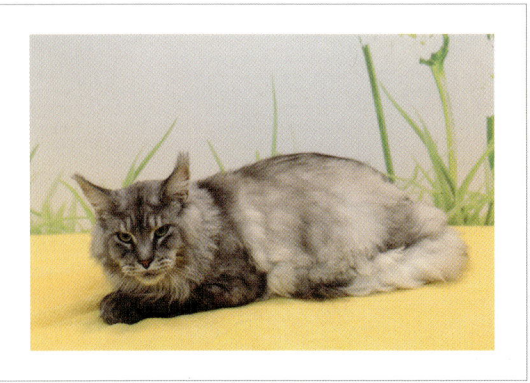

반려묘의 미용 전 모습

메인쿤 - 심바

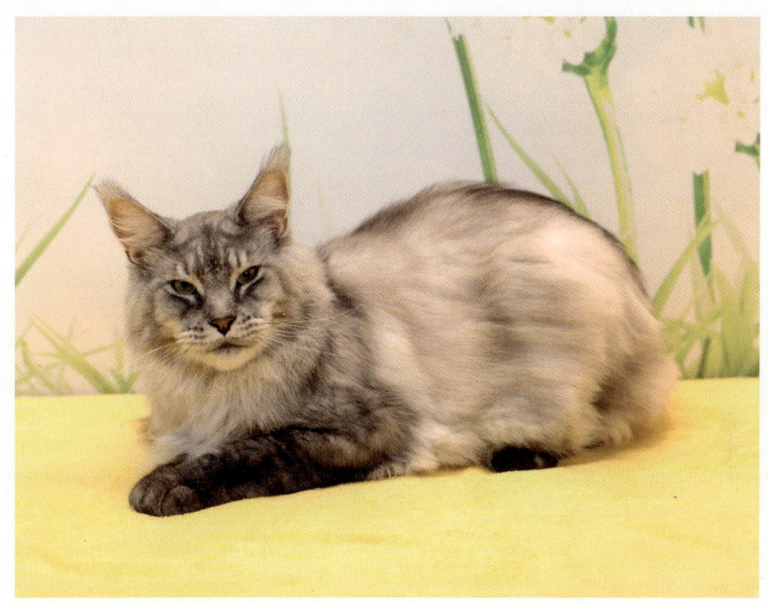

미용후

메인쿤 소개 및 특징

1) 기원 및 역사

메인쿤Maine Coon은 19세기 중반에 북미에서 자연 발생한 고양이 품종입니다. 주로 미국 메인주에서 쥐잡이용으로 기르던 고양이입니다. 복슬복슬한 털이 너구리 같아서 메인주의 너구리라는 뜻의 이름이 붙었습니다.

2) 신체적 특징

메인쿤은 대형 고양이 품종으로 성묘의 경우 체중이 5~11kg입니다. 귀와 발에 털이 나 있는 것이 특징이고, 세계에서 가장 큰 고양이 중 하나로 알려져 있습니다.

3) 성격 및 행동

온순하고 친근한 성격을 가지고 있습니다. 매우 사교적이며, 사람과의 상호작용을 즐깁니다. 또한 지능이 높아 훈련이 가능하고, 다른 애완동물과도 잘 어울립니다. 메인쿤은 활동적이고 호기심이 많아, 충분한 운동과 놀이가 필요합니다.

4) 건강 및 관리

메인쿤은 일반적으로 건강한 품종이지만, 몇 가지 유전적 질병에 취약할 수 있습니다. 대표적으로 심근비대증Hypertrophic Cardiomyopathy, 고관절 이형성증Hip Dysplasia, 그리고 척수 근육 위축Spinal Muscular Atrophy 등이 있습니다. 특히, 이중모이며 장모이므로 정기적인 빗질을 하여 털 관리를 하는 것이 필수입니다.

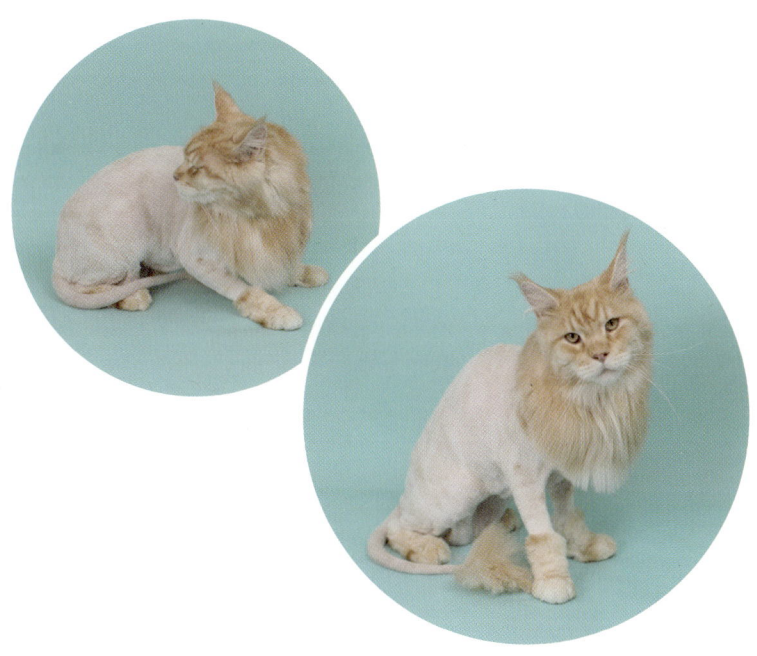

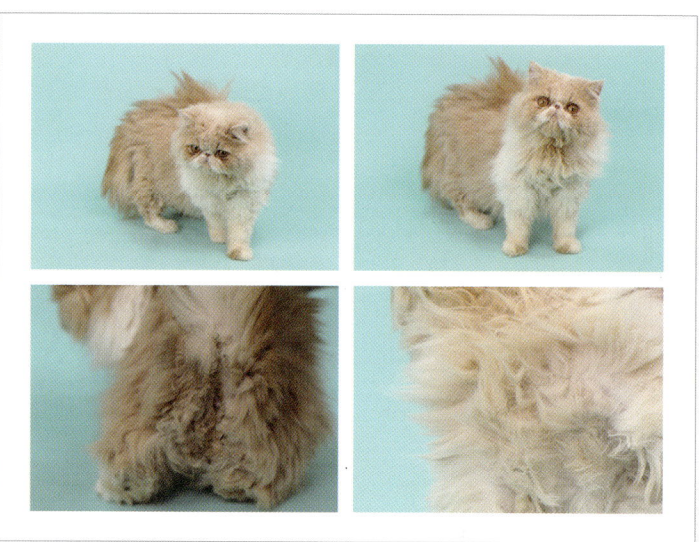

미용 전 / 전체적으로 털 뭉침

엑죠틱 - 뽀리

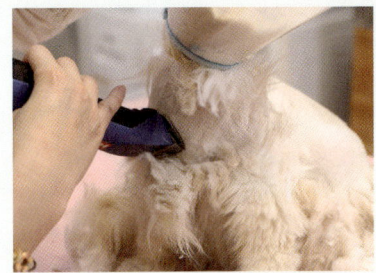

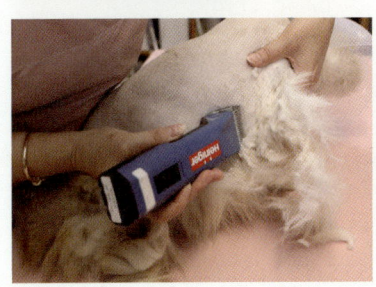

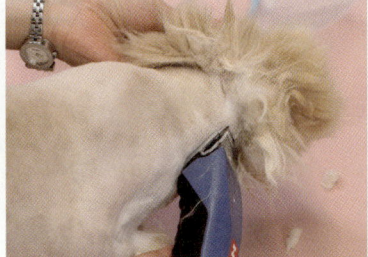

뭉친 털 제거 중

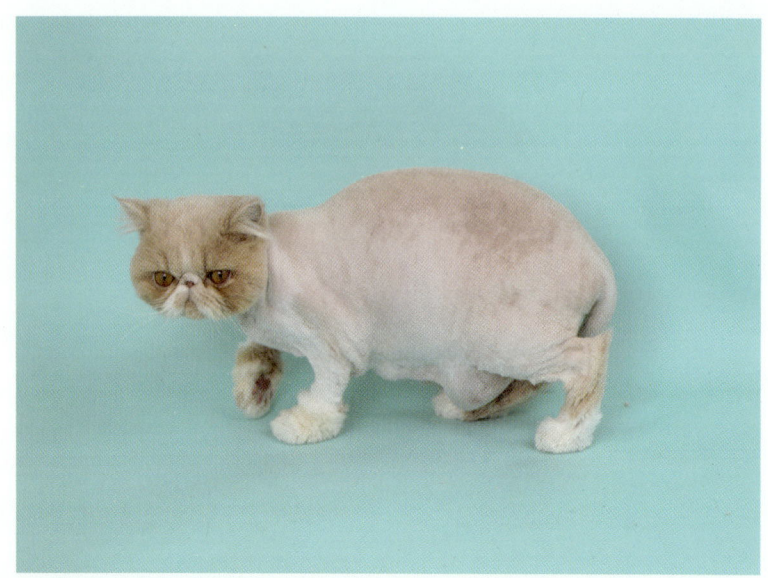

10번으로 미용 후 완성컷

고양이 이름 **달콩(5세, 수컷)**
고양이 품종 **네바 마스커레이드**

반려묘의 미용 전 모습

네바 마스커레이드 - 달콩

미용후

1) 기원 및 역사

네바 마스커레이드는 러시아에서 유래한 고양이 품종으로, 시베리안 고양이의 색상 변형으로 간주됩니다. 이 품종은 네바강의 이름을 따서 명명되었으며, 독특한 외모와 성격으로 많은 사랑을 받고 있습니다.

2) 신체적 특징

네바 마스커레이드는 반장모의 털을 가지고 있으며, 색상은 포인트 패턴이 특징입니다. 이들은 일반적으로 푸른 눈을 가지고 있으며, 털은 두껍고 풍성합니다.

3) 성격

이 고양이는 매우 친근하고 사교적이며, 다른 고양이, 개, 어린이와 잘 어울립니다. 또한 활발하고 지능적이며, 주인과의 상호작용을 좋아합니다. 네바 마스커레이드는 종종 개와 같은 성격을 가지고 있다고 평가받으며, 훈련이 가능하고 다양한 놀이를 즐깁니다.

4) 건강 및 관리

이 품종은 일반적으로 건강한 편이며, 특정 알레르기 반응을 유발하는 단백질을 적게 생성하는 경향이 있어 알레르기가 있는 사람들에게 더 적합할 수 있습니다.

5) 육종 및 분류

네바 마스커레이드는 일부 고양이 등록 단체에서 시베리안 고양이의 색상 변형으로 간주되지만, 다른 단체에서는 별도의 품종으로 인정받고 있습니다. 이로 인해 네바 마스커레이드와 시베리안 고양이 간의 혼란이 발생하기도 합니다.

6) 결론

네바 마스커레이드는 그 독특한 외모와 매력적인 성격 덕분에 가족과 함께하는 훌륭한 반려동물로 자리 잡고 있습니다. 이들은 활발하고 애정이 많아, 주인과의 깊은 유대감을 형성하는 데 뛰어난 능력을 가지고 있습니다.

고양이 이름 해솔(6세, 암컷)
고양이 품종 스코티시 폴드

반려묘의 미용 전 모습

214

스코티시 폴드 - 해솔

미용후

고양이 이름 하람(5살, 수컷)

고양이 품종 스코티시 폴드

반려묘의 미용 전 모습

스코티시 폴드 - 하람

미용후

스코티시 폴드 소개 및 특징

1) 기원 및 역사

1961년 영국 스코틀랜드의 한 농가에서 키우던 고양이가 낳은, 귀가 접힌 돌연변이 새끼 고양이 '수지Susie'가 스코티시 폴드 품종의 시초입니다. 이 고양이는 접힌 귀를 가진 최초의 고양이입니다. 그 후 브리티시 숏헤어와 교배되어 현재와 같은 품종이 되었습니다. 또한 CFA(고양이 애호가 협회)로부터 순종으로 인정받았습니다.

2) 신체적 특징

스코티시 폴드는 중간 크기의 고양이로, 둥글고 통통한 체형이고 접힌 귀가 가장 두드러진 특징이며, 태어날 때는 곧은 귀를 가지고 있다가 약 3주에서 4주 사이에 귀가 접히기 시작합니다. 둥글고 넓은 얼굴, 큰 눈을 가지고 있으며, 짧고 조밀한 털이지만 장모와 단모 두 가지 변종이 존재합니다.

3) 성격적 특성

스코티시 폴드는 매우 온순하고 애교가 많은 성격을 가지고 있으며, 사람과의 교감을 좋아합니다. 다른 동물이나 아이들과도 잘 어울립니다. 일반적으로 조용한 울음소리를 내며, 다양한 환경에도 잘 적응하는 편입니다.

4) 건강 및 관리

스코티시 폴드는 몇 가지 유전적 건강 문제에 취약합니다.

* **골연골이형성증** 이 유전병은 귀뿐만 아니라 다른 뼈와 연골에도 영향을 미치며, 고양이의 수명에도 영향을 줄 수 있습니다. 증상으로는 성장 장애, 관절 통증, 비정상적인 보행 등이 있습니다.
* **다낭성 신장병(Polycystic Kidney Disease, PKD)** 이 질병은 신장에 낭종이 생기는 유전적 질환으로, 신장 기능에 영향을 미칠 수 있습니다.

고양이 이름 쿵이(9세, 암컷)
고양이 품종 페르시안 친칠라

반려묘의 미용 전 모습

페르시안 친칠라
-쿵이

미용 후

반려묘의 미용 전 모습

페르시안 친칠라
- 칠라

미용후

페르시안 친칠라 소개 및 특징

1) 기원 및 역사

페르시안 친칠라는 19세기 후반 영국에서 처음 등장하였으며, 당시의 유명한 브리더인 발렌스 허트가 페르시안과 길고양이를 교배하여 최초의 친칠라 고양이를 탄생시켰습니다. 이후 왕실과 귀족들 사이에서 인기를 끌며, 고양이 품종 중 하나로 자리 잡았습니다.

페르시안 친칠라는 독특한 외모와 성격 덕분에 많은 사람들에게 사랑받고 있습니다. 털의 패턴이 설치류인 친칠라의 털 패턴과 유사하다 하여 지어진 이름입니다.

2) 신체적 특징

페르시안 친칠라는 긴 털과 둥근 얼굴, 짧은 주둥이를 가진 고양이입니다. 털 색은 보통 하얀색, 은색, 골드, 또는 그레이와 같은 다양한 색을 가지고 있습니다. 크기는 대개 3kg에서 7kg 사이의 체중을 가지며, 수컷이 암컷보다 약간 더 큽니다.

3) 성격적 특성

이 고양이는 조용하고 평화로운 성격을 가지고 있으며, 활동량이 적고, 놀이에 대한 동기가 부족할 수 있어 주인이 적절한 자극을 주어야 합니다. 사람과의 상호작용을 좋아하고, 온순한 성격을 가지고 있어 가족과 잘 어울립니다.

4) 건강 및 관리

페르시안 친칠라는 털 관리가 매우 중요하기에 정기적인 빗질이나 목욕이 필요합니다.

고양이 다낭성신장질환PKD은 신장에 낭종(물주머니)이 생기는 질병이고 페르시안 고양이가 쉽게 걸리는 질환입니다. 신장에 물주머니 수가 많아지고, 크기가 커져 신장 기능이 약해지는 질병입니다. 또한 진행성 망막위축증PRA 질환에도 취약합니다. 망막이 퇴행하거나 위축하는 질병인데 아메리칸 컬, 아비시니안, 샴 고양이가 잘 걸릴 수 있는 질병입니다. 만약 고양이가 방향 감각을 상실하거나 물건에 자주 부딪친다면 이 질병을 의심해보는 게 좋습니다. 그 외에도 고양이 비대성 심근증(HCM)과 안구질환, 호흡기질환, 방광염, 요로결석에 취약합니다.

고양이 이름 비비(1세, 암컷)

고양이 품종 랙돌

반려묘의 미용 전 모습

랙돌 - 비비

미용후

 고양이 이름 옥이(5세, 암컷)

 고양이 품종 랙돌

반려묘의 미용 전 모습

랙돌 - 옥이

미용후

1) 기원 및 역사

랙돌Ragdoll은 1960년대 미국 캘리포니아에서 앤 베이커Ann Baker에 의해 개발된 고양이 품종입니다. 이 품종은 도메스틱 화이트 롱헤어와 버만 고양이를 조합하여 탄생하였으며, 이름은 고양이가 안겼을 때 힘을 빼고 늘어지는 특성에서 유래되었습니다.

2) 신체적 특징

랙돌은 대형 고양이 품종으로, 성숙한 암컷은 4~7kg, 수컷은 5~9kg까지 자랄 수 있습니다. 긴 몸과 두꺼운 털, 그리고 넓은 머리를 가지고 있으며, 특징적으로 푸른색의 큰 눈을 지니고 있습니다. 털은 중간 길이로 부드럽고 실키하여 털 엉킴이 적고 유지관리가 쉬운 장모종입니다. 다양한 색상과 패턴이 존재합니다.

3) 성격적 특성

랙돌 고양이는 성격상 온순하고 사회적이며 사람과 잘 어울립니다. '고양이의 개냥이'라 불릴 만큼 인간에게 친근하게 다가오는 경향이 있으며, 집 안에서 주인과 시간을 보내는 것을 좋아합니다. 종종 무릎에 앉거나 안기는 것을 좋아하고 애정 표현이 강한 편입니다. 랙돌은 평화로운 환경에서 가장 잘 자라며 스트레스를 받지 않는 안정적인 생활을 선호합니다.

4) 건강 및 관리

랙돌은 비대성 심근병증HCM, 다낭성 신장병PKD, 전염성 복막염FIP 등 몇 가지 유전적 질병에 취약합니다. 특히 HCM은 심장에 영향을 미치는 심각한 질병이므로, 주의가 필요합니다.

5) 관리 및 돌봄

랙돌은 털이 긴 편이므로 정기적인 빗질이 필요하며, 특히 봄과 가을에 털갈이를 합니다. 대체로 건강하지만, 체중 조절을 위해 적절한 식단과 운동이 중요합니다.

고양이 이름 캐비(1세, 암컷)
고양이 품종 셀커크 렉스

반려묘의 미용 전 모습

234

셀커크 렉스 - 캐비

미용 후

셀커크 렉스 소개 및 특징

1) 기원 및 역사

셀커크 렉스Selkirk Rex는 고유의 곱슬거리는 털이 특징인 고양이 품종입니다. 이 품종은 1987년 미국 몬태나에서 처음 발견되었으며, 이후 빠르게 인기를 끌게 되었습니다. 셀커크 렉스는 '푸들 고양이'로 불리기도 하며, 그 이름은 본 품종의 독특한 털 스타일에서 유래되었습니다.

2) 신체적 특징

셀커크 렉스는 중대형 크기의 고양이로, 곱슬곱슬한 털이 눈에 띄는 특징입니다. 이 털은 다양한 색상과 패턴으로 존재하지만, 전반적으로 부드럽고 풍성한 느낌을 줍니다. 체중은 일반적으로 2.5kg에서 13kg 사이로 다양하며, 눈은 큰 호두 모양이고 귀는 중간 크기로 끝부분이 뾰족합니다.

3) 성격적 특성

셀커크 렉스는 매우 조용하고, 너그러운 성격이며, 활발하고 영리한 특성을 지니고 있어, 주인과도 교감을 잘합니다. 이 품종은 다른 고양이와 잘 어울리며, 다른 동물들과도 사교성이 좋습니다.

4) 건강 및 관리

셀커크 렉스는 털 빠짐이 적고, 털 관리가 수월한 편이지만, 주기적인 빗질이 필요합니다. 털은 일반적으로 길고 곱슬거리기 때문에, 전문적인 미용이 필요할 수 있습니다.

대표적인 질환으로 다낭성 신장 질환Polycystic Kidney Disease, PKD과 비대성 심근병증Hypertrophic Cardiomyopathy, HCM 등에 취약할 수 있습니다.

PART 7

미용 전후 사진
단모

반려묘의 미용 전 모습

뱅갈 - 마루

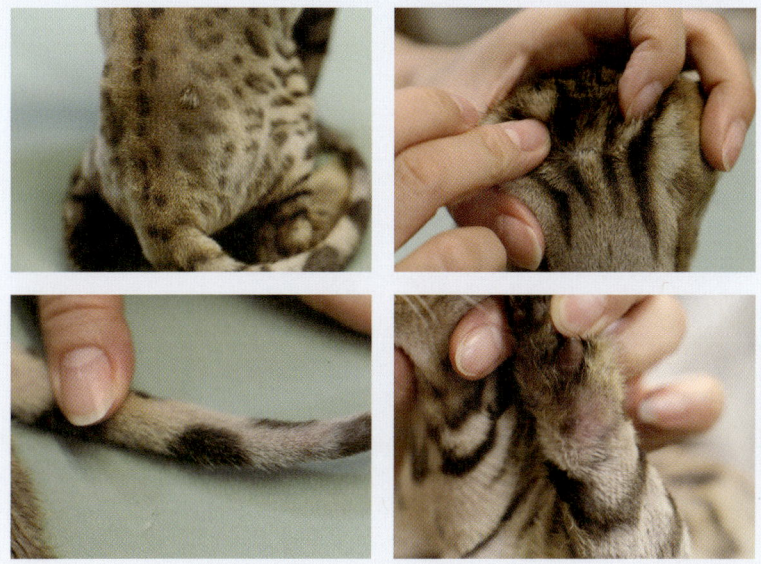

특별한 경우가 아니면 3개월 된 고양이는 미용하지 않습니다. 마루의 경우, 피부병이 심해서 미용을 했습니다.

미용 후

뱅갈 소개 및 특징

1) 기원 및 역사

뱅갈 고양이는 1970년대 미국에서 우연히 집고양이(이집션 마우)와 삵의 교배로 탄생되었습니다. 이후, 이 품종은 1986년에 TICA(국제 고양이 협회)에 의해 새로운 품종으로 인정받았으며, 1991년에는 TICA 챔피언십 지위를 획득했습니다. 뱅갈 고양이는 현재 전 세계적으로 인기가 높으며, 특히 고양이 전시회에서 자주 볼 수 있는 품종입니다.

2) 신체적 특징

뱅갈 고양이는 중대형의 근육질 몸매를 가지고 있으며, 표범과 유사한 반점이나 로제트 무늬가 특징입니다. 매우 호기심이 많고 자신감 넘치는 성격을 지니고 있으며, 뛰어난 지능과 에너지를 가지고 있습니다. 놀이를 좋아하고, 주인과의 상호작용을 통해 에너지를 발산하는 것을 선호합니다.

3) 건강 및 관리

뱅갈 고양이는 일반적으로 건강하지만, 특정 유전적 질병에 취약할 수 있으므로 정기적인 건강 검진이 필요합니다. 이들은 물을 좋아하는 경향이 있어, 물놀이를 즐길 수 있는 환경을 제공하는 것이 좋습니다.

또한 뱅갈 고양이는 일반적으로 알레르기 환자에게도 추천되는 품종 중 하나입니다. 그들은 총체적 관리가 쉽고, 상대적으로 적은 털 빠짐을 보입니다. 그러나 단모종이라고 해서 털 날림이 전혀 없지는 않다는 점도 유의해야 합니다.

고양이 이름 모카(6세, 수컷)

고양이 품종 데본 렉스

반려묘의 미용 전 모습

데본 렉스 - 모카

미용후

데본 렉스 소개 및 특징

1) 기원 및 역사

첫 번째 데본 렉스는 1959년 영국 데번주에서 발견되었습니다. 샴 고양이와 브리티시 숏헤어 사이에서 태어난 독특한 외모의 고양이가 품종의 시작입니다. 1967년 영국 고양이 협회GCCF에 의해 공식 품종으로 인정되었으며, 1979년 미국 고양이 협회CFA에서도 인정받았습니다.

2) 신체적 특징

데본 렉스는 작은 머리와 큰 귀, 그리고 넓은 광대뼈를 가진 독특한 얼굴형을 가지고 있습니다. 털은 짧고 부드러우며, 물결 모양으로 곱슬거리며 다양한 색상과 패턴을 가지고 있습니다. 체형은 일반적으로 2.5kg에서 4kg 정도의 체중으로 작은 체구입니다. 몸은 근육질이며, 다리는 길고 강력합니다.

3) 성격

데본 렉스는 매우 지능적이고 호기심이 많은 고양이입니다. 사람과의 상호작용을 즐기며, 혼자 있는 것을 싫어하는 '개냥이' 스타일입니다. 이들은 장난기 많고 활발하여, 다양한 놀이와 훈련에 잘 반응합니다. 또한 다른 동물이나 아이들과도 잘 어울리며, 사회성이 뛰어난 편입니다.

4) 건강 및 관리

데본 렉스는 일반적으로 건강한 품종이지만, 특정 유전적 질병에 취약할 수 있습니다. 식도 및 전신 근육이 약화되는 '유전성 근육병증 LGMD', 혈액 응고 문제가 발생하는 '비타민 K1 반응성 응고병증', 심장벽이 비정상적으로 두꺼워지는 '비대성 심근병증HCM' 등을 주의해야 합니다. 그 외에도 슬개골 탈구, 선천성 탈모증 등이 있습니다. 털 관리는 털이 짧고 곱슬거리는 특성 덕분에 그루밍이 비교적 간편합니다. 그러나 피부 건강을 위해 정기적인 목욕과 털 관리는 필요합니다. 햇볕에 민감하므로 과도한 일광 노출을 피해야 합니다.

고양이 이름 하몽(4세, 암컷)
고양이 품종 러시안 블루

반려묘의 미용 전 모습

러시안 블루 - 하몽

미용후

러시안 블루 소개 및 특징

1) 기원 및 역사

러시안 블루의 기원은 아르한겔스크 제도에서 유래한 것으로 알려져 있습니다. 19세기 중반, 이 고양이는 영국과 북유럽으로 전파되었고, 러시아의 황실 고양이로 여겨졌습니다. 빅토리아 여왕이 이 품종을 좋아했다는 전설이 있으며, 1875년 크리스탈 궁전에서 아크엔젤 고양이라는 이름으로 소개되었습니다. 러시안 블루는 원래 아크엔젤 블루Archangel Blue로 불렸으며, 이후 독자적인 품종으로 인정받았습니다

2) 신체적 특징

러시안 블루는 중형 크기의 고양이로, 일반적으로 수컷은 4~6kg, 암컷은 3.5~4.5kg 정도의 체중을 가집니다. 이 품종의 가장 두드러진 특징은 짧고 밀도가 높은 은회색 털과 선명한 초록색 눈입니다. 털은 부드럽고 실크 같은 느낌을 주며, 털의 끝부분은 은빛을 띱니다. 러시안 블루는 일반적으로 무늬가 없는 단색 털을 가지고 있습니다.

3) 성격 및 행동

러시안 블루는 온순하고 겁이 많은 성격을 가지고 있지만, 소심한 면도 있어 낯선 사람에겐 경계를 하기도 합니다. 또한 매우 지능이 높아 다양

한 놀이를 즐기며 주인에게 충성스럽습니다. 러시안 블루는 다른 고양이와도 잘 어울리며, 어린이와의 친밀도도 높은 편입니다.

4) 건강 및 관리

러시안 블루는 평균적으로 15~20년의 긴 수명을 가지며, 건강한 품종으로 알려져 있습니다. 이들은 정기적인 털 관리가 필요하며, 털 빠짐이 있는 편이므로 자주 빗질해 주는 것이 좋습니다. 은회색의 단모종으로, 털이 촘촘하고 매끈합니다. 털 색상은 라이트 실버 블루, 실버 블루, 브라이트 블루, 슬레이트 블루 등 다양합니다. 눈은 생후 2개월에 청회색에서 노란색으로, 5~6개월에 초록색으로 변합니다.

반려묘의 미용 전 모습

아메리칸 숏헤어 - 유자

미용 후

아메리칸 숏헤어 소개 및 특징

1) 기원 및 역사

아메리칸 숏헤어는 미국에서 발달한 고양이 품종 중 하나로, 북아메리카의 대표적인 토종 고양이입니다. 이 고양이들은 배에서 쥐를 잡는 역할을 하며, 1620년 메이플라워호를 타고 미국에 도착한 것으로 알려져 있습니다. 1966년에는 '아메리칸 숏헤어'라는 이름으로 공식적으로 인정받게 되었습니다.

2) 신체적 특징

아메리칸 숏헤어는 중대형 고양이로, 성묘는 보통 3.5kg에서 7kg 사이의 체중을 가집니다. 근육질의 체형과 둥근 머리를 가지고 있으며, 귀 사이가 넓고 끝이 둥글며, 눈이 큽니다. 윤기 있는 짧고 두꺼운 다양한 색상과 패턴의 털을 가지고 있는 단모종입니다. 가장 흔한 색상은 갈색이나 회색 털에 짙은 색상의 소용돌이 무늬가 있습니다. 특히 태비 패턴이 가장 흔합니다. 약 80% 이상의 아메리칸 숏헤어가 줄무늬를 가지고 있으며, 실버 클래식 태비가 특히 인기가 많습니다.

3) 성격 및 행동

아메리칸 숏헤어는 온순하고 사교적인 성격을 가지고 있어 가족과 잘 어울립니다. 독립적인 성향도 지니고 있어 혼자 있는 것 또한 잘 견디며, 놀이와 탐험을 즐깁니다. 그리고 높은 지능을 가지고 있어 훈련이 가능하며, 다른 애완동물이나 아이들과도 잘 지냅니다. 이러한 특성 덕분에 아메리칸 숏헤어는 초보자에게도 적합한 반려동물이기도 합니다.

4) 건강 및 관리

아메리칸 숏헤어는 일반적으로 건강한 품종으로 알려져 있으며, 평균 수명은 15년에서 20년 사이입니다. 그러나 일부는 심장병과 같은 유전적 질병에 걸릴 수 있으므로 정기적인 건강 검진이 필요합니다. 털 관리는 주 1~2회 정도의 빗질이 적당하며, 적절한 운동이 필요합니다.

고양이 이름 **탕(5세, 암컷)**

고양이 품종 **샴**

반려묘의 미용 전 모습

샴-탕

미용후

1) 기원 및 역사

샴은 태국의 옛 이름인 '시암'에서 유래한 고양이 품종으로, 샴 고양이 또는 시암 고양이로도 알려져 있습니다. 18세기 중반부터 존재해온 것으로 추정되며, 특히 태국 왕실에서 기른 고양이로 유명합니다.

2) 신체적 특징

샴 고양이는 날씬하고 근육질의 몸매입니다. 털 색상은 회색빛을 띤 크림색이나 흰색의 몸이며, 귀, 얼굴, 발, 꼬리 끝은 짙은 색을 띠는 것이 일반적입니다. 샴은 보통 단모종이지만 발리니즈라고 알려진 장모종 변형도 존재합니다. 눈은 아름다운 파란색 아몬드형 눈을 가지고 있습니다.

3) 성격 및 행동

샴 고양이는 매우 지능적이며 애교가 많고 감수성이 풍부하며, 사교적이고 활동적입니다. 종종 '개냥이'라고 불리기도 합니다. 외로움을 잘 타지 않지만, 충분한 관심과 놀이가 필요합니다.

4) 건강 및 관리

샴 고양이는 평균적으로 15년에서 20년 정도의 수명을 가지고 있으며, 일반적으로 건강한 편입니다. 그러나 특정 유전병에 취약할 수 있으며, 아밀로이드증과 같은 질병이 대표적입니다. 이러한 질병은 여러 장기에 단백질이 축적되어 기능 장애를 일으킬 수 있습니다. 또한 눈 관리가 필요합니다. 이유는 원발성 녹내장이며, 이는 꾸준한 모니터링이 중요합니다. 추위를 잘 타므로 따뜻한 환경을 유지해야 합니다.

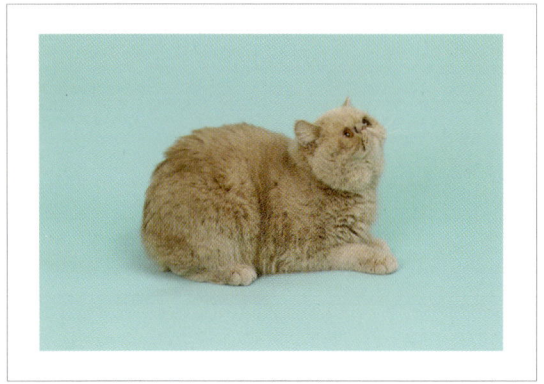

반려묘의 미용 전 모습

264

엑죠틱 숏헤어 - 금자

미용 후

엑죠틱 숏헤어 소개 및 특징

1) 기원 및 역사

엑죠틱 숏헤어Exotic Shorthair는 원산지는 미국이며 아메리칸 숏헤어, 브리티시 숏헤어 또는 버미즈 등의 단모종 고양이와 페르시안 고양이를 교배하여 만들어졌습니다.

2) 신체적 특징

대표적으로 짧은 머즐(눌린 입 주변), 통통한 볼과 큰 눈, 짧고 두꺼운 다리, 그리고 짧은 털을 가지고 있습니다. 페르시안 고양이와 유사한 외모를 지니고 있지만, 털의 길이가 짧습니다. 보통 몸무게는 6~10kg입니다.

3) 성격 및 행동

엑죠틱 고양이는 차분하고 친화력이 뛰어나며, 아이들과도 잘 어울립니다. 일반적으로 조용하고 주인을 잘 따르는 성격을 가지고 있습니다.

4) 건강 및 관리

호흡기 문제나 안과 질환, 구강질환이 발생할 수 있습니다. 짧은 털로 피모 손질은 쉽습니다.

고양이 이름 연탄(6세, 암컷)

고양이 품종 코리안 숏헤어

반려묘의 미용 전 모습

코리안 숏헤어 - 연탄

미용 후

코리안 숏헤어 소개 및 특징

1) 기원 및 역사

코리안 숏헤어는 한국에서 일반적으로 알려진 고양이 품종으로, '코숏'이라고도 불립니다. 이 품종은 주로 짧은 털을 가진 도메스틱 숏헤어 고양이를 지칭하는 것으로, 공식적으로는 등록된 품종이 아닙니다. 코리안 숏헤어는 한국의 전통적인 고양이로, 삼국시대부터 살았던 것으로 알려져 있습니다. 코숏은 주로 한국에서 자연적으로 교배되어 탄생한 고양이들로, 유전적 질병이 적고 건강한 편입니다.

2) 신체적 특징

코리안 숏헤어는 털 색과 무늬가 다양합니다. 고등어 태비, 치즈 태비, 턱시도, 삼색이, 젖소, 카오스, 올블랙 등이 있는 단모종입니다.

3) 성격 및 행동

성격은 털 색에 따라 약간의 차이가 있다는 의견도 있지만, 개체별로 다양합니다. 조용하고 똑똑하거나 활발한 성격을 가진 경우가 많습니다. 코숏은 사람을 잘 따르는 성격을 가진 고양이도 있지만, 독립적이고 도도한 성격을 가진 고양이도 있습니다. 에너지가 넘치고 활동적인 경향이 있습니다. 또한 고양이 본연의 사냥 본능을 자극하는 놀이를 좋아합니다.

4) 건강 및 관리

코리안 숏헤어는 인위적으로 만들어진 품종이 아니어서 질병에 상대적으로 강한 편입니다. 그렇지만 면역력이 약할 수 있으므로 예방접종이 중요합니다. 또한 비만을 예방하기 위해 제한 급식을 권장하며, 영양제와 유산균을 급여하는 것이 좋습니다. 적절한 관리만으로도 이들은 20세까지 살 수 있는 건강한 고양이입니다.

PART 8

미용 전후 사진
먼치킨

고양이 이름 얀이(6세, 암컷)

고양이 품종 나폴레옹

반려묘의 미용 전 모습

나폴레옹 - 얀이

미용 후

고양이 이름 설탕이(5세, 수컷)
고양이 품종 먼치킨 킬트

반려묘의 미용 전 모습

먼치킨 킬트 - 설탕이

미용 후

| 고양이 이름 | 레이(6세, 수컷) |
| 고양이 품종 | 먼치킨 킬트 |

반려묘의 미용 전 모습

먼치킨 킬트 - 레이

미용후

고양이 이름 라니(5세, 수컷)

고양이 품종 램킨

반려묘의 미용 전 모습

램킨 - 라니

미용 후

고양이 이름 바니(7세, 수컷)

고양이 품종 나폴레옹

반려묘의 미용 전 모습

282

나폴레옹 - 바니

미용후

먼치킨 소개 및 특징

1) 기원 및 역사

먼치킨 고양이는 짧은 다리와 긴 몸통을 가진 고양이 품종으로, 미국에서 유래되었습니다. 자연적으로 발생한 유전적 특성을 가지고 있으며, 1990년대에 국제고양이협회TICA에서 공식 품종으로 인정받았습니다. 먼치킨이라는 이름은 『오즈의 마법사』에 등장하는 작은 주민들에서 유래되었습니다.

2) 신체적 특징

짧은 다리와 긴 몸통을 가지고 있으며, 앞다리보다 뒷다리가 살짝 길며, 수컷은 약 3~5kg, 암컷은 약 2~4kg 정도입니다. 애교가 많고 사교적이며 호기심 또한 많습니다. 개냥이라고도 불릴 만큼 애정이 많고 놀이를 즐깁니다.

3) 건강 문제

짧은 다리로 인해 낙상 사고가 잦아 관절에 무리가 갈 수 있습니다. 척추 전만증도 조심해야 합니다. 허리에 무리가 가는 체형으로 인해 척추 문제가 발생할 수 있습니다. 체중 관리가 중요하며, 비만을 주의해야 합니다.

4) 먼치킨의 종류

- 먼치킨 나폴레옹: 먼치킨 나폴레옹 고양이는 먼치킨과 페르시안 고양이를 교배하여 탄생한 하이브리드 품종으로, 미뉴에트라는 이름으로도 알려져 있습니다.
- 먼치킨 램킨: 먼치킨과 셀커크 렉스 품종의 교배로 탄생한 소형 고양이 품종입니다.
- 먼치킨 킬트: 스코티쉬 폴드와 먼치킨 고양이를 교배하여 탄생한 고양이 품종입니다.
- 먼치킨 밤비노Bambino: 먼치킨과 스핑크스의 교배로 만들어진 품종입니다.
- 먼치킨 민스킨Minskin: 스핑크스, 버미즈, 데본 렉스와의 교배로 만들어진 품종입니다.
- 먼치킨 드웰프Dwelf: 먼치킨, 스핑크스, 아메리칸 컬의 교배로 탄생한 품종입니다.
- 먼치킨 킨카로우Kinkalow: 먼치킨과 아메리칸 컬의 교배로 만들어진 품종입니다.
- 먼치킨 제네타Genetta: 먼치킨, 뱅갈, 사바나 고양이의 교배로 만들어진 품종입니다.

스타일링 캣:
고양이 미용 디자인북

1판 1쇄 펴낸날 2026년 1월 20일

지은이 신서연

펴낸이 나성원
펴낸곳 나비의활주로

책임편집 김정웅
디자인 BIG WAVE

전자우편 butterflyrun@naver.com
출판등록 제2010-000138호
상표등록 제40-1362154호
ISBN 979-11-93110-92-8 13520